ISDN

Schnellanleitung

ISDN

Michael Hendrik Söngen

DATA BECKER

Copyright	© 2001 by DATA BECKER GmbH & Co. KG Merowingerstr. 30 40223 Düsseldorf
	1. Auflage 2001
Reihenkonzeption	Silvia Dreger
Lektorat	Christian Strauch
Umschlaggestaltung	Inhouse-Agentur DATA BECKER
Textbearbeitung und Gestaltung	Cornelia Dörr
Druck	Clausen & Bosse, Leck
E-Mail	buch@databecker.de

ISBN 3-8158-2131-2

Wichtiger Hinweis

Die in diesem Buch wiedergegebenen Verfahren und Programme werden ohne Rücksicht auf die Patentlage mitgeteilt. Sie sind für Amateur- und Lehrzwecke bestimmt.

Alle technischen Angaben und Programme in diesem Buch wurden vom Autor mit größter Sorgfalt erarbeitet bzw. zusammengestellt und unter Einschaltung wirksamer Kontrollmaßnahmen reproduziert. Trotzdem sind Fehler nicht ganz auszuschließen. DATA BECKER sieht sich deshalb gezwungen, darauf hinzuweisen, dass weder eine Garantie noch die juristische Verantwortung oder irgendeine Haftung für Folgen, die auf fehlerhafte Angaben zurückgehen, übernommen werden kann. Für die Mitteilung eventueller Fehler ist der Autor jederzeit dankbar.

Wir weisen darauf hin, dass die im Buch verwendeten Soft- und Hardwarebezeichnungen und Markennamen der jeweiligen Firmen im Allgemeinen warenzeichen-, marken- oder patentrechtlichem Schutz unterliegen.

Die Abbildungen auf folgenden Seiten wurden der Broschüre "ISDN leicht gemacht" mit freundlicher Genehmigung der DTAG Unternehmenskommunikation, Postfach 2000, 53105 Bonn entnommen:
Seite 41, 46 unten, 135, 140, 141, 143, 147, 159

Vorwort

Manchmal bitten mich Leute um meinen Rat, weil irgendwelche Geräte an ihren ISDN-Anschlüssen nicht so funktionieren, wie sie es erwarten. Sie geben dem Hersteller die Schuld, oder der Fachhändler hat sie nicht gut betreut. Oft hat auch die Telekom (Deutsche Telekom AG) den Schwarzen Peter und ist für alles Übel der Welt verantwortlich.

Bei näherem Hinsehen stelle ich oft fest, dass die Probleme "hausgemacht" sind. Eigentlich ist alles in Ordnung, wenn nicht ... ja, wenn es keine Verständnisschwierigkeiten gäbe und wenn die ganze Angelegenheit von vornherein sachgerecht ausgeführt worden wäre.

Ist es denn schwierig, einen ISDN-Anschluss so einzurichten, dass hinterher alles so funktioniert, wie Sie es erwarten? Nein – vorausgesetzt, Sie haben die nötigen Sachkenntnisse. Und genau die möchte ich Ihnen mit diesem Buch vermitteln.

Damit Sie sich kein unnötiges Wissen aneignen müssen, habe ich die technischen Aspekte des ISDN so weit wie möglich vereinfacht– überflüssige Kenntnisse tragen in keiner Weise zum Gelingen der Einrichtung Ihres ISDN-Anschlusses und der dazugehörigen Geräte bei. Wundern Sie sich also nicht, wenn einige Fachbegriffe, die Sie vielleicht schon kennen, in umgangssprachliches Deutsch "übersetzt" worden sind.

Es ließ sich leider nicht umgehen, einige technische Details etwas ausführlicher zu besprechen: Das Verständnis dieser Dinge trägt maßgeblich zum Erfolg Ihrer Arbeiten bei. Wenn ISDN mit Computern in Berührung kommt, basiert das fast immer auf PCs mit einem Microsoft-32-Bit-Windows-Betriebssystem. Obwohl es für andere Plattformen auch ISDN-Anwendungen gibt, werden sie in diesem Buch nicht besprochen.

Wenn in diesem Buch bestimmte Produkte und Hersteller genannt werden, soll das keine Wertung sein: Andere Hersteller fertigen ebenso gute Geräte. Die genannten Produkte sind hier nur beispielhaft genannt. Im Übrigen ist der Markt in ständiger Bewegung: Regelmäßig kommen neue Produkte mit verbesserten Leistungen auf den Markt. Das gilt im gleichen Maß für Netzbetreiber- und Internetanbietertarife. Informieren Sie sich über aktuelle Produkte und Tarife im Fachhandel oder im Internet.

Herzlich danken möchte ich meinem Kollegen Stefan Vangeel. Er hat meine Wissensdefizite zum Thema "DSL" ausgeglichen und schrieb für Sie darüber ein ganzes Kapitel. Mein Geschäftspartner Tim Rolef ist ein virtuoser Computer-Fachmann, er gab mir für dieses Buch eine Menge Tipps und Informationen zu den Themen "Einbau von ISDN-Karten", "Onlinedienste" und "Internet" – vielen Dank dafür!

Ein besonderer Dank gilt meinem Vater Helmut Söngen, der das komplette Manuskript Korrektur gelesen und sich zu diesem Zweck extra die Regeln der neuen Rechtschreibung angeeignet hat. Last, but not least möchte ich meinem Lektor Christian Strauch dafür danken, dass er mich zum Schreiben dieses Buchs ermuntert – um nicht zu sagen gedrängt – hat. Ohne ihn würde es dieses Buch nicht geben.

Michael Hendrik Söngen *im März 2001*

Inhaltsverzeichnis

Sie wollen ISDN? – So kommen Sie dran

Integrated **S**ervices **D**igital **N**etwork – was so furchtbar technisch klingt, ist nicht nur ein Schlagwort, das bunte Werbeprospekte ziert. ISDN ist das leistungsfähige und universelle Kommunikationsnetz, das jedem zur Verfügung steht.

Was unterscheidet einen ISDN-Anschluss vom klassischen Telefonanschluss? Die technische Grundlage von ISDN ist die digitale Signalverarbeitung und Signalübertragung. Das stellt Ihnen weitaus mehr Möglichkeiten zur Verfügung, als es ein normaler analoger Telefonanschluss kann. Im geschäftlichen Bereich haben sich aus diesem Grund ISDN-Anschlüsse gegenüber normalen Telefonanschlüssen weitgehend durchgesetzt.

Sie müssen übrigens keine Angst haben, dass Sie nur noch mit anderen ISDN-Teilnehmern telefonieren können, wenn Sie ISDN haben. Diese Furcht ist unbegründet. Es gibt im ISDN natürlich auch den Dienst Telefon, sodass Sie auch auf Gespräche mit Teilnehmern im POTS (**P**lain **O**ld **T**elephone **S**ervice, eine etwas freche Bezeichnung für das analoge Telefonnetz) nicht verzichten müssen.

Telefon für jedes Familienmitglied und online mit DoubleSpeed – Was kann ISDN?

Der ISDN-Anschluss ist, wie bereits erwähnt, digital. Die Signale, die an einem ISDN-Anschluss ankommen oder abgehen, sind nicht mehr analoge Wechselspannungen wie beim normalen Telefonanschluss, sondern es handelt sich um digitale Daten wie bei einem Computer. Genau das ist die Voraussetzung, die ISDN so universell macht:

- Ein ISDN-Anschluss hat keine „Amtsleitungen" mehr, sondern Kanäle. Der ISDN-Basisanschluss stellt Ihnen zwei Nutzkanäle zur Verfügung, die den früheren Amtsleitungen in etwa entsprechen. Über diese Nutzkanäle (technisch auch B-Kanäle oder Basiskanäle genannt) können Sie also telefonieren, faxen, online surfen und so weiter. Und da Sie zwei Kanäle zur Verfügung haben, können Sie auch zwei Verbindungen gleichzeitig und unabhängig voneinander nutzen.
- Mit einem ISDN-Anschluss erhalten Sie mehrere Rufnummern, die hier **M**ultiple **S**ubscriber **N**umbers – kurz: MSN – heißen. Diese Mehrfach-Teilnehmer-Nummern (so die wörtliche Übersetzung) können Sie beliebigen Endgeräten zuord-

nen. Ihr Telefon bekommt also eine andere Nummer als z. B. Ihr Faxgerät, oder Sie gönnen Ihren Kindern ein eigenes Telefon und auch eine eigene Nummer. Das Besondere an diesen Mehrfach-Rufnummern: Sie sind nicht mehr – wie beim analogen Telefonnetz – fest an die dazugehörigen Amtsleitungen gebunden, sondern sie verwenden die beiden Nutzkanäle ganz nach Bedarf. Wenn Sie auf einer Nummer telefonieren, können Sie „auf der anderen Leitung" mit einer anderen Nummer Ihr Faxgerät benutzen oder mit einer dritten Nummer Ihre Familie telefonieren lassen. Sogar zwei unabhängige Gespräche auf ein und derselben Nummer sind möglich.

Mit Ihrem ISDN-Anschluss werden Ihnen standardmäßig drei Mehrfach-Rufnummern zugeteilt. Eine davon wird im Allgemeinen Ihre alte Telefonnummer sein. Sie können auch mehr Nummern beauftragen, wenn Sie sie brauchen: Bis zu zehn MSNs stehen Ihnen pro ISDN-Anschluss zu.

- Endgeräte können direkt nach dem verwendeten Dienst – dazu gehören z. B. Telefon, Fax, Datenübertragung und andere – angewählt werden. Der ISDN-Anschluss hat noch einen dritten Kanal, der die Verwendung der Nutzkanäle Ihres ISDN-Anschlusses steuert. Über diesen D-Kanal (Datenkanal) werden Informationen über die jeweilige Mehrfach-Rufnummer, den verwendeten Dienst und vieles mehr ausgetauscht. Diese Steuerdaten werden von den einzelnen ISDN-Endgeräten ausgewertet. Ein „Datenanruf" landet so z. B. direkt auf Ihrem PC, ein „Telefonanruf" auf Ihrem Telefon – auch wenn beide Geräte die gleiche Nummer verwenden.
- Über den Datenkanal wird auch „gewählt". Im Gegensatz zu normalen Telefonen, bei denen Ziffer für Ziffer übertragen wird, kann im ISDN die komplette Telefonnummer in einem Block an die Vermittlungsstelle übertragen werden. Das beschleunigt die Wahl erheblich: Innerhalb des eigenen Ortsnetzbereichs ist eine Verbindung in Sekundenbruchteilen hergestellt, und auch die Wahl in andere Ortsnetze (in Deutschland) dauert selten mehr als zwei Sekunden. Der Datenkanal dient, trotz seiner Bezeichnung, nicht zum Austausch von Teilnehmerdaten. Dafür ist er mit 16 KBit/s zu langsam. (Es gibt einige Anwendungen, bei denen Teilnehmerdaten auch über den D-Kanal übertragen werden. Das sind aber Sonderfälle und für den normalen Anwender zur Zeit nicht oder nur gegen Aufpreis erhältlich.)
- Der Datenaustausch von Computern über das ISDN erfolgt direkt digital und damit störungsfrei, dazu noch deutlich schneller als im analogen Netz. Die fehleranfällige Wandlung in analoge Signale durch Modems entfällt, Datenübertragungen oder Internetnutzung sind schneller und damit bei gleichem Datenvolumen preiswerter. Sie können oft sogar die beiden Nutzkanäle des ISDN-An-

schlusses „bündeln" und erreichen so die doppelte Datenübertragungsrate – leider auch zu doppelten Verbindungskosten.

Darüber hinaus stehen Ihnen noch zahlreiche Leistungsmerkmale zur Verfügung, die Ihre Kommunikation komfortabler machen.

- Sie sehen die Rufnummer des Anrufers, noch bevor Sie das Gespräch annehmen (**C**alling **L**ine **I**dentification **P**resentation – CLIP).
- Sie veranlassen einen Rückruf, wenn ein von Ihnen angewählter Anschluss besetzt ist und wieder frei wird (**C**ompletion of **C**all to **B**usy **S**ubscriber – CCBS).
- Sie schalten Anrufe automatisch zu anderen Anschlüssen weiter. Wenn Sie nicht zu Hause sind, kann man Sie unter Ihrer Heim-Telefonnummer auf Ihrem Mobiltelefon erreichen. Dabei können Sie entscheiden, ob Anrufe sofort umgeleitet werden oder erst nach einer gewissen Zeit oder wenn Ihr Anschluss besetzt ist (**C**alling **F**orward – CF). Mittlerweile können Sie Anrufe auch „von Hand" weiterschalten, noch bevor Sie das Gespräch angenommen haben (**C**alling **D**eflection – CD).
- Während Sie telefonieren, sind Sie „auf der zweiten Leitung" erreichbar und hören im Hörer den Anklopfton (**C**all **W**aiting – CW).
- Wenn Sie zwei Telefonate gleichzeitig führen, schalten Sie zwischen den beiden Verbindungen hin und her oder fassen beide Gespräche in einer Dreierkonferenz zusammen (3PTY).

Viele Netzbetreiber bieten noch weitere Leistungsmerkmale an, die Sie individuell einrichten lassen können. Einige davon sind gegen ein zusätzliches monatliches Entgelt erhältlich. Die Deutsche Telekom AG bietet unter anderem an:

- Rufnummerbezogene Abrechnung: Sie können auf der Rechnung auseinander halten, wie viel auf den einzelnen Rufnummern telefoniert wurde.
- Einzelverbindungsübersicht: Mit der Rechnung erhalten Sie eine Aufstellung über alle Verbindungen, mit der Angabe von Zielrufnummer, Datum, Uhrzeit, Dauer und Kosten.
- Böswillige Anrufer können Sie auch nach Beendigung der Verbindung identifizieren lassen. (Dieses Leistungsmerkmal ist allerdings sehr teuer, und bevor Sie es nutzen, müssen Sie dem Netzbetreiber glaubhaft machen, dass Sie telefonisch „terrorisiert" werden.)

- Einrichtung einer elektronischen Mailbox: Lassen Sie eingehende Anrufe oder Faxe im Netz speichern und rufen Sie sie bei Bedarf ab. Das ersetzt Ihnen einen Anrufbeantworter und – mit Einschränkungen – ein Faxgerät.

Wie viel ISDN brauchen Sie?

Welche von den Leistungen des ISDN Sie nutzen können, hängt einerseits von den Endgeräten, die Sie benutzen wollen, und andererseits vom Leistungsumfang des ISDN-Anschlusses ab.

Ist ein ISDN-Anschluss wie jeder andere?

Als in den 80er Jahren in Deutschland die ersten ISDN-Anschlüsse eingeführt wurden, befand sich die Entwicklung noch in einer Art Testphase. Die wesentlichen technischen Eigenschaften waren zwar schon vorhanden, aber das „Protokoll", mit dem der digitale Datenverkehr abgewickelt wurde, war aus heutiger Sicht eher spartanisch. Bereits Ende der 80er Jahre gab es Bestrebungen, das ISDN, und dabei im Wesentlichen das Protokoll (in dem festgelegt wird, wie der Datenverkehr auf dem ISDN-Anschluss stattfindet), zu verbessern und europaweit zu vereinheitlichen.

Das nationale ISDN wird mittlerweile nicht mehr angeboten. Wenn Sie heute einen ISDN-Anschluss beauftragen, wird er Ihnen nur noch als Euro-ISDN-Anschluss eingerichtet.

Es gibt zwei verschieden große ISDN-Anschlüsse. Der ISDN-**P**rimär**m**ultiple**x**-Anschluss hat 30 (dreißig!) Nutzkanäle und ist für Geschäftskunden – z. B. Unternehmen mit zahlreichen Mitarbeitern – gedacht. Dieser PMX-Anschluss kommt allein aus Kostengründen – das monatliche Grundentgelt liegt zwischen € 256,84 und € 287,78! – für den Privathaushalt oder auch für kleinere Gewerbebetriebe nicht in Frage.

Dafür ist der ISDN-Basisanschluss gedacht. Er hat „nur" zwei Nutzkanäle und kostet monatlich nur etwa ein Zehntel eines Primärmultiplex-Anschlusses.

Basisanschlüsse sind als so genannte Anlagenanschlüsse und als Mehrgeräteanschlüsse erhältlich. Am Anlagenanschluss kann genau ein Endgerät – in der Regel eine Telefonanlage – betrieben werden. An der Telefonanlage werden alle anderen Kommunikationsgeräte angeschlossen, diese werden dann von der Anlage gesteuert.

Das Besondere an Anlagenanschlüssen ist ihre Durchwahlfähigkeit. Ankommende Verbindungen werden sofort nach der Hauptrufnummer an die Anlage durchgestellt, und diese vermittelt anhand der von der Vermittlungsstelle danach ankommenden Durchwahlnummern zu den richtigen Nebenstellen.

Wirklich interessant werden Anlagenanschlüsse aber erst, wenn man sie gebündelt betreibt: Mehrere Anlagenanschlüsse können mit derselben Hauptrufnummer an einer Telefonanlage betrieben werden. Zwei gebündelte Anlagenanschlüsse verhalten sich dann wie ein Anschluss mit vier Nutzkanälen, drei Anlagenanschlüsse wie einer mit sechs Kanälen und so weiter.

Info

Installation größerer Anlagen

Sind Sie Gewerbetreibender und haben ein Unternehmen mit mehr als ca. fünf Mitarbeitern? Dann kann der Anlagenanschluss für Sie die richtige Anschlussart sein. In Ihrem eigenen Interesse empfehle ich Ihnen, sich damit nicht allein auseinander setzen zu wollen. Besprechen Sie Ihren Kommunikationsbedarf mit einem Fachmann. Der kann Sie über Anlagenanschlüsse ausführlich informieren, Ihnen die passenden Endgeräte zusammenstellen und die Telefonanlage auch installieren, in Betrieb nehmen und warten.

Selbst wenn Ihnen dieses Buch viele praktische Kenntnisse vermittelt, die Sie auch bei größeren ISDN-Anlagen anwenden können: Versuchen Sie nicht, eine größere Anlage in Eigenregie einzurichten. Die Nerven und der Verdienstausfall, die Sie als Unerfahrener dabei riskieren, sind meist „teurer" als der Betrag, den Sie einem ausgebildeten Fernmeldetechniker bezahlen müssen. Nicht umsonst gab es in Deutschland bis vor kurzem noch die Personenzulassungen, die es nur unterwiesenen Fachleuten gestatteten, Anlagen mit zwei und mehr ISDN-Anschlüssen in Betrieb zu nehmen. Im Rahmen der europäischen Harmonisierung ist die Personenzulassung seit April 2000 in Deutschland nicht mehr erforderlich, aber es ist immer noch ein Indiz für Fachkompetenz, wenn ein Fernmeldetechniker die Personenzulassung Klasse A (bis zu zwei ISDN-Anschlüsse) oder Klasse B (drei und mehr ISDN-Anschlüsse) hat.

Im Gegensatz zu gebündelten ISDN-Anlagenanschlüssen lohnt sich ein einzelner Anlagenanschluss nicht. Das monatliche Grundentgelt ist – bei etwa gleicher Leistungsfähigkeit – deutlich höher als bei einem ISDN-Mehrgeräteanschluss. Für den Privathaushalt oder einen kleinen Gewerbebetrieb kommt daher nur ein **M**ehr**g**eräteanschluss (MGA) in Frage. In diesem Buch ist also grundsätzlich ein Euro-ISDN-Mehrgeräteanschluss gemeint, wenn von einem ISDN-Anschluss die Rede ist.

Info

Anlagenanschlüsse

Rein technisch bzw. elektrisch unterscheiden sich Anlagenanschlüsse nicht von Mehrgeräteanschlüssen. Die in diesem Buch vermittelten praktischen Kenntnisse können Sie gleichermaßen bei Mehrgeräteanschlüssen und Anlagenanschlüssen anwenden. Nur für den Betrieb der Endgeräte müssen Sie unterschiedliche Faktoren berücksichtigen.

ISDN-Anschlüsse werden von verschiedenen Netzbetreibern angeboten, allen voran von der Deutschen Telekom AG. Der T-ISDN-Anschluss - unter dieser Bezeichnung vermarktet die Telekom ihre ISDN-Anschlüsse - ist in mehreren Varianten erhältlich.

Technisch besteht kein Unterschied zwischen den Varianten. Sie können also jedes ISDN-Gerät an jedem angebotenen ISDN-Anschluss betreiben. Die Anschlussvarianten unterscheiden sich einerseits im Umfang der Leistungsmerkmale und andererseits in den Verbindungstarifen.

Bei der Telekom unterscheiden sich nur der Standard- und der Komfortanschluss in ihren Leistungsmerkmalen. Der Standardanschluss hat bereits die meisten der oben erwähnten Leistungsmerkmale, die für einen normalen Anwender in der Regel ausreichen. Beim Komfortanschluss kommen noch die Übertragung von Gebührendaten am Ende der Verbindung sowie die verschiedenen Versionen der Anrufweiterschaltung in der Vermittlungsstelle dazu. Wenn Sie eine Mailbox im Netz - die Telekom nennt das T-Net-Box - einrichten wollen, ist die Anrufweiterschaltung zwingend erforderlich.

Den Komfortanschluss gibt es noch mit verschiedenen Tarifvarianten. Der T-ISDN-300-Anschluss verfügt über den Sondertarif Aktiv plus. Für ein höheres monatliches Grundentgelt sind die Verbindungskosten zum Festnetz gegenüber dem Normalanschluss deutlich reduziert. Noch etwas teurer ist der T-ISDN-XXL-Tarif, mit dem an Sonn- und Feiertagen im deutschen Festnetz kostenlos telefoniert werden kann.

Im Laufe der Zeit können sich der Umfang der Leistungsmerkmale und die angebotenen Tarife ändern. Besonders die Tarifvarianten, die von den Netzbetreibern für Ihre ISDN-Anschlüsse angeboten werden, unterliegen einem ständigen Fluss. Der T-ISDN-XXL-Anschluss wurde von der staatlichen Regulierungsbehörde für Telekommunikation und Post (sozusagen das Kartellamt dafür) vorläufig nur bis zum 30. April 2001 zugelassen. Es kann sein, dass dieser Tarif schon nicht mehr angeboten wird, wenn Sie dieses Buch in den Händen halten.

Was kostet der ISDN-Anschluss?

Bei den Kosten für einen ISDN-Anschluss unterscheidet man zwischen den einmaligen Einrichtungskosten, den monatlichen Grundentgelten und den individuell anfallenden Gesprächskosten.

Die Leistungsmerkmale, die Tarife und entsprechend die Kosten von ISDN-Anschlüssen sind ständig im Wandel. Es ist riskant, in einem Buch aktuelle Preise zu nennen, die in einem Jahr oder auch schon früher nicht mehr gelten.

Heutzutage ist es jedoch leicht, sich jederzeit über die aktuellen Konditionen und Preise zu informieren. Empfehlenswert ist es, sich persönlich in einem Fachgeschäft oder in einer Verkaufsstelle der Netzbetreiber (z. B. in einem T-Punkt) zu erkundigen. Natürlich finden Sie alle wichtigen Informationen dazu auch in den Medien, allen voran im Internet. Die Tarife der Deutschen Telekom AG finden Sie auf www.telekom.de/tarife.

Was brauche ich denn an ISDN-Geräten?

Zunächst einmal: Keines Ihrer vorhandenen analogen Endgeräte kann am ISDN-Anschluss direkt betrieben werden. Eine Neuanschaffung mindestens eines ISDN-Geräts lässt sich also nicht umgehen. Für den Privatanwender kommen am ehesten die Geräte in der folgenden Tabelle in Frage. Wie die einzelnen Geräte gehandhabt werden, lesen Sie in den folgenden Kapiteln.

Gerät	Bemerkungen
ISDN-Telefon	Gibt es in verschiedenen Größen mit unterschiedlicher Ausstattung. Auch die preiswertesten ISDN-Telefone können viele ISDN-Leistungsmerkmale direkt nutzen. Bei den größeren Modellen finden Sie zusätzlich z. B. ein umfangreiches Telefonregister (auch Kurzwahlspeicher oder Telefonbuch genannt), eine Lauthör- oder Freisprecheinrichtung oder einen integrierten Anrufbeantworter. Einige ISDN-Telefone haben die Möglichkeit zum Anschluss eines oder zweier analoger Endgeräte. Andere ISDN-Telefone sind mit einer Basisstation für Schnurlostelefone ausgestattet. Ein ISDN-Telefon ersetzt meistens ein bereits vorhandenes altes Telefon und kann direkt am ISDN-Anschluss betrieben werden.
ISDN-Karte im PC	Ermöglicht dem Computer, Daten auszutauschen, im Internet zu surfen, zu faxen und anderes mehr. Die ISDN-Karte ersetzt meistens ein vorhandenes analoges Modem. Alternativ dazu gibt es externe Lösungen, die meistens über die USB-Schnittstelle des Computers angeschlossen werden. Die Qualität der Geräte wird ganz stark von der verwendeten Software beeinflusst.

Gerät	Bemerkungen
ISDN-Telefonanlage	Daran können u. a. vorhandene analoge Endgeräte angeschlossen und im ISDN verwendet werden. Bei entsprechend ausgestatteten Anlagen können auch ISDN-Geräte darüber betrieben werden. Sie sind optimal, wenn viele (etwa fünf oder mehr) Endgeräte vorhanden sind, weil sie alle Geräte zentral verwalten können. Oft bieten Telefonanlagen zusätzlich zu den ISDN-Leistungsmerkmalen weitere anlageninterne Leistungsmerkmale an, die das Telefonieren noch komfortabler machen.
ISDN-a/b-Adapter	Sind eigentlich nichts anderes als kleine Telefonanlagen mit meistens zwei analogen (a/b) Anschlüssen.
ISDN-Kombinationsgerät	Ist eine Mischung aus Telefonanlage mit meistens zwei bis vier Anschlüssen für (analoge!) Telefone und einem ISDN-Adapter, der eine ISDN-Karte ersetzt. Der Anschluss an den Computer erfolgt über die serielle oder die USB-Schnittstelle. Diese Kombinationsanlagen sind in der Regel recht preiswert und für den Einstieg gut geeignet. Oft sind die einzelnen Teile im Vergleich zu „ausgewachsenen" Geräten spartanisch ausgestattet.

Es gibt noch einige ISDN-Spezialitäten mehr, etwa ISDN-LAN-Router, mit dem ein Netzwerk einen ISDN-Zugang bekommt und so z. B. mit einem fernen Netzwerk verbunden werden kann, oder ISDN-Gruppe-4-Faxgeräte. Diese Geräte sind zwar sehr leistungsfähig, aber recht teuer und wiederum eher für die gewerbliche Nutzung geeignet.

Also: ISDN-Geräte müssen her. Und die gibt es von ziemlich preiswert bis ganz schön teuer. Ich könnte Ihnen jetzt pauschale Empfehlungen zu ganz bestimmten Geräten (von denen ich sehr überzeugt bin!) aussprechen, aber auch bei den Endgeräten ist der Markt in einem ständigen Fluss. Es ist also sehr riskant, über bestimmte Geräte zu schreiben, die vielleicht in einem Jahr nicht mehr erhältlich sind.

Damit Sie sich sicher entscheiden können, welche Geräte Sie brauchen, lesen Sie dieses Buch gründlich durch. Ordnen Sie für sich die Informationen des Buchs in die Kategorien: „Ja, das will ich haben", „Ist ganz interessant" und „Brauche ich nicht". Damit haben Sie eine ungefähre Vorstellung von dem, was Sie benötigen.

Gehen Sie zu einem Fachgeschäft – da müssen Sie ja sowieso hin – und informieren Sie sich über die aktuellen Geräte, die für Sie in Frage kommen. Jeder kompetente Fachhändler hat seine eigenen Spezialitäten, die er Ihnen empfiehlt – auch im Hinblick auf den Etat, den Sie auszugeben bereit sind. Außerdem wird er Sie darauf aufmerksam machen, wenn Sie etwas übersehen haben, und eventuelle Unklarheiten beseitigen, die Sie nach dieser Lektüre aber wahrscheinlich nicht mehr haben.

Info

Wo soll ich kaufen ?

Neben dem Weg ins Fachgeschäft gibt es auch noch die Möglichkeit, per Versand zu kaufen. Das geht am einfachsten und meistens ziemlich preiswert übers Internet, allerdings fehlt dort oft die Beratung. Ein erster telefonischer Kontakt zu einem Versandhändler zeigt Ihnen schnell, wie bereitwillig man Ihnen auch bei Problemen weiterhelfen will.

Große Elektronik-Märkte sind nicht immer zu empfehlen. Die Kompetenz der Mitarbeiter lässt leider oft zu wünschen übrig, der Service ist meistens bescheiden, und wenn Sie nicht gerade ein Sonderangebot in Anspruch nehmen, sind die großen Märkte fast durchweg hochpreisig.

Der ISDN-Auftrag – So vermeiden Sie ärgerliche Fehler

Die Entscheidung ist gefallen: Ein ISDN-Anschluss soll es sein. Doch zunächst ist eine kleine bürokratische Hürde zu nehmen: die ISDN-Beauftragung.

In Deutschland gibt es neben dem ehemaligen „Monopolisten" Deutsche Telekom AG - kurz Telekom - mittlerweile einige konkurrierende Netzbetreiber, die ISDN-Anschlüsse anbieten. Vor allem die lokalen Netzbetreiber können dabei eine attraktive Alternative zur Telekom sein. Leider sind diese Netzbetreiber fast ausschließlich in Großstädten verfügbar, sodass in den meisten Fällen die Wahl auf T-ISDN (der Eigenname der Telekom für ihr ISDN) fallen muss. Nur die Telekom bietet bundesweit flächendeckend ISDN-Anschlüsse an.

Neben unterschiedlichen Netzbetreibern gibt es noch verschiedene Arten von ISDN-Anschlüssen und darüber hinaus auch verschiedene Tarifvarianten. Die vielen Begriffe in diesem Zusammenhang sind alles andere als selbsterklärend. Die Formulare für die ISDN-Beauftragung erinnern irgendwie an Formulare für die Steuererklärung - und sind mitunter ähnlich kompliziert. Dadurch treten häufig Fehler auf, die oft für eine erhebliche Bearbeitungsverzögerung sorgen. Zum Teil verursachen solche Fehler auch den bekannten „Ärger mit der Telekom".

Im Folgenden ist nur die Beauftragung eines ISDN-Anschlusses bei der Telekom beschrieben. Bei anderen Netzbetreibern wird der ISDN-Anschluss allerdings ähnlich beauftragt. Verwenden Sie für Ihren ISDN-Auftrag nach Möglichkeit ein aktuelles Formular.

Ihr Auftrag an die Deutsche Telekom AG:

Wichtige Angaben

Kundennr. DTAG: ____________ Buchungskonto: ____________

Vorwahl Standort: ____________ Terminwunsch: ____________ ☐ vormittags ☐ nachmittags

Ihre Auftraggeberdaten

☐ Frau ☐ Herr ☐ Firma Titel: ____________ Geburtsdatum: ____________

Name, Vorname / Firma ____________

Straße, Hausnr. / Gebäude ____________

PLZ, Ort: ____________

Ansprechpartner für Rückfragen: ____________ Telefon: (______) ____________

Abweichender Rechnungsempfänger	Abweichende Standortanschrift
Name, Vorname/Firma ____________	Name, Vorname/Firma ____________
Straße, Hausnr. ____________	Straße, Hausnr. ____________
PLZ ______ Ort ____________	PLZ ______ Ort ____________

Vorhandener Anschluss beim Kunden (welcher umgestellt werden soll)

☐ Neuanschluss	☐ Analog	☐ Analog mit dsl
☐ Euro-ISDN Mehrgeräte	☐ Euro-ISDN Tk-Anlagen	☐ Euro-ISDN PMX
☐ Euro-ISDN 300	☐ Euro-ISDN 300 dsl	☐ Euro-ISDN 300 dsl Bundle
☐ Euro-ISDN XXL	☐ Euro ISDN XXL dsl	☐ Euro-ISDN XXL dsl Bundle

☐ ____________ Rufnrn. der vorhandenen Anschlüsse: ____________

Gewünschte Anschlüsse des Kunden

ISDN Mehrgeräte AS ☐ *Standard* ☐ *Komfort*	Anzahl	ISDN Tk Anlagen AS ☐ *Standard* ☐ *Komfort*	Anzahl	ISDN PMX ☐ *Standard* ☐ *Komfort*	Anzahl
ISDN 300	Anzahl	ISDN 300 dsl	Anzahl	ISDN 300 dsl Bundle	Anzahl
ISDN XXL	Anzahl	ISDN XXL dsl	Anzahl	ISDN XXL dsl Bundle	Anzahl
Analog dsl	Anzahl	ISDN Mehrgeräte AS dsl ☐ *Standard* ☐ *Komfort*	Anzahl	ISDN Tk Anlagen AS dsl ☐ *Standard* ☐ *Komfort*	Anzahl

☐ NTBA/NTBBA zur Selbstmontage auf Rufnr.:(______) ____________ Anz. benötigter Rufnr.: ______
☐ NTBA/NTBBA Montage durch Deutsche Telekom

bei erhöhten Rufnummernbedarf bitte Bescheinigung der RegTP belegen

☐ Beibehaltung oder ☐ Kündigung der Rufnummer (______) ____________

Optionale Tarife

☐ AktivPlus für o.g. Rufnummern ☐ AktivPlus für Rufnummer (______) ____________

T-Online ☐ Call by Call ☐ Eco ☐ Flat ☐ Flat dsl

Die Zugangssoftware und Kennung werden per Einschreiben unabhängig vom Wunschtermin an den Auftraggeber geschickt.

Rufnummer, für die T-Online beauftragt wird: (______) ____________ oder ☐ fiktives Konto

Besondere Wünsche

Eintrag ins Telefonbuch ☐ ja ☐ nein ☐ keine Teilleistung erwünscht

Einzugsermächtigung Sie erlauben der Deutschen Telekom anfallende Kosten von Ihrem Konto abzubuchen.

Bankleitzahl: ____________ Kontonummer: ____________

Bankname/-ort: ____________ Unterschrift: ____________

Unterschrift des Kunden

Die Vertragsabwicklung erfolgt nach den AGB und Preislisten sowie den Verzeichnissen für die Tarifbereiche der Deutschen Telekom AG. Die AGB und Preislisten sind amtlich veröffentlicht und in den Niederlassungen der Deutschen Telekom AG, sowie in den T-Punkten erhältlich. Ich willige ein, dass die Deutsche Telekom AG vor Vertragsabschluss und während der Dauer des Vertrags anhand meiner angegebenen personenbezogenen Daten innerhalb des Telekom Konzerns und von Wirtschaftsauskunftsdateien Auskünfte zum Zweck der Bonitätsprüfung einholt und im Fall nicht vertragsgemäßer Abwicklung (z. B. Kündigung wegen Zahlungsverzug) Auskünfte dorthin zur Wahrung berechtigter Interessen weitergibt.

Datum, Unterschrift des Kunden ____________

Info

Wo beauftragen?

Natürlich können Sie Ihren ISDN-Anschluss in den bekannten T-Punkten beauftragen. Oft aber lohnt sich der Weg zu einem kompetenten unabhängigen Fachhändler, der Ihren Auftrag bei der Telekom einreichen kann. Für die Vermittlung bekommt er nämlich eine Provision, die er in der Regel in Form eines großzügigen Rabatts auf von Ihnen zu erwerbende ISDN-Geräte weitergibt. Da der unabhängige Fachhändler sich nicht auf das Geräteprogramm der Telekom beschränken muss, kann er Ihnen Geräte anbieten, die für Sie oft viel interessanter sind.

Das Auftragsformular ...

... bekommen Sie z. B. im T-Punkt oder bei Fachhändlern. Man kann es sich auch zuschicken lassen oder bei verschiedenen Anbietern im Internet als PDF-Datei herunterladen und ausdrucken.

Übrigens ist es kaum zu glauben: Das ISDN-Auftragsformular bedarf eigentlich keiner bestimmten Form! Die Telekom akzeptiert auch die selbst gestalteten Auftragsformulare von Fachhändlern, sofern sie die erforderlichen Angaben vollständig enthalten. Selbst die Telekom hat keine einheitlichen Formulare und ändert sie zudem noch häufig.

In den Auftragsformularen müssen einige Formfelder grundsätzlich vorhanden und korrekt ausgefüllt sein, andernfalls kommt es zu einer Bearbeitungsverzögerung oder sogar zu einer Nachfrage. Dann erwartet die Telekom von Ihnen noch weitere oder korrigierte Daten und lässt den Auftrag so lange ruhen, bis sie ihr vorliegen.

Einige der nachfolgend aufgeführten Formfelder sind nicht in allen Formularen vorhanden. Dann müssen Sie natürlich nicht auf die gewünschte Leistung verzichten: Tragen Sie sie einfach unter „Besondere Wünsche" ein, die auf jedem Auftragsformular vorhanden sein sollten. Und wenn es viele besondere Wünsche sind, wird auch ein gesondertes Blatt akzeptiert. Aus diesem sollte jedoch die Zugehörigkeit zu Ihrem Auftrag deutlich erkennbar sein.

Lassen Sie sich nicht irritieren, wenn die erforderlichen Angaben nicht in der hier angegebenen Reihenfolge auf Ihrem Formular stehen.

Denken Sie daran: Wenn Sie Ihren ISDN-Auftrag möglichst genau und vollständig ausfüllen, ist die Gefahr am geringsten, dass irgendwelche Fehler entstehen.

Ihr Auftrag an die Deutsche Telekom AG:

Wichtige Angaben
Kundennr. DTAG: ____________
Vorwahl Standort: ____________
Buchungskonto: ____________
Terminwunsch: ______ ☐ vormittags ☐ nachmittags

1 Die Kundendaten haben eine besondere Bedeutung – sofern Sie bereits Telekom-Kunde sind. Erfahrungsgemäß beschleunigt die korrekte Angabe die Bearbeitung Ihres Auftrags erheblich. Tragen Sie also Ihre Kundennummer und Ihre Buchungskontonummer ein.
Andere Felder wie *Vertriebspartner* oder *Auftragsnummer* dürfen nicht von Ihnen ausgefüllt werden.

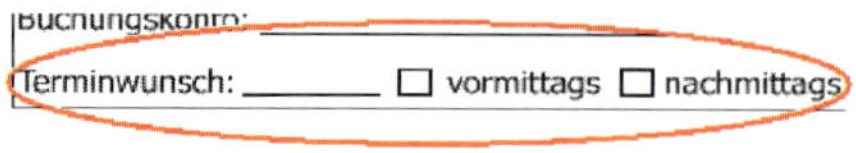
Buchungskonto:
Terminwunsch: ________ ☐ vormittags ☐ nachmittags

2 Der Terminwunsch ist elementar wichtig: Wie sonst soll die Telekom wissen, wann Sie Ihren ISDN-Anschluss haben wollen, und die erforderliche Ausführung planen. Eine Angabe wie „Termin nach Absprache" oder „auf Abruf" wird von der Telekom nicht akzeptiert. Besser ist die Angabe „sofort" – dann erhalten Sie ISDN schnellstmöglich. Am besten geben Sie jedoch ein möglichst genaues Datum an, mindestens jedoch die Kalenderwoche.

Info

Wie lange dauert die Einrichtung eines ISDN-Anschlusses?

Das lässt sich pauschal nicht beantworten. Wenn Sie zeitgleich Ihren alten Telefonanschluss kündigen und ISDN am gleichen Standort betreiben wollen, können Sie erfahrungsgemäß Ihren ISDN-Anschluss bereits nach sieben bis zehn Tagen bekommen. Mitunter geht es sogar etwas schneller.

In seltenen Fällen können selbst in diesem Idealfall bestimmte Umstände die schnelle Realisierung Ihres Anschlusses verhindern, z. B. wenn die Telekom in der für Sie zuständigen Vermittlungsstelle keine ISDN-Ports frei hat. Die Telekom ist aber bemüht, Ihren Auftrag schnell zu realisieren. Selbst wenn Sie einen komplett neuen Anschluss beauftragen oder in ein neu gebautes Haus umziehen, müssen Sie selten länger als sechs Wochen auf Ihren Anschluss warten.

Ihre Auftraggeberdaten
☐ Frau ☐ Herr ☐ Firma Titel: ________
Name, Vorname / Firma ________
Geburtsdatum: ________
Straße, Hausnr. / Gebäude ________
PLZ, Ort: ________ ________
Ansprechpartner für Rückfragen: ________
Telefon: (________) ________

3 Im Auftraggeber-Feld tragen Sie einfach Ihre persönlichen Daten ein. Ergänzen Sie unbedingt Ihr Geburtsdatum. Wenn Sie den Auftrag für einen gewerblichen Betrieb stellen, müssen Sie bei einem Einzelunternehmen den vollständigen Namen des Inhabers und bei einer GbR die vollständigen Namen aller Gesellschafter eintragen, jeweils mit Geburtsdaten. Handelt es sich um eine Kapitalgesellschaft, ist statt des Geburtsdatums die Handelsregister-Nummer erforderlich. Einen Ansprechpartner müssen Sie nicht angeben. Falls er aus dem Auftraggeber-Feld nicht hervorgeht (z. B. bei einer Firma), ist die Angabe jedoch sehr empfehlenswert. Hilfreich ist in jedem Fall die Angabe einer Telefonnummer, unter der man Sie für Rückfragen erreichen kann.

Abweichender Rechnungsempfänger

Name, Vorname/Firma ______

Straße, Hausnr. ______

PLZ ______ Ort ______

Abweichende Standortanschrift

Name, Vorname/Firma ______

Straße, Hausnr. ______

PLZ ______ Ort ______

4 Ein abweichender Rechnungsempfänger kann angegeben werden, wenn Sie Ihren ISDN-Anschluss ausschließlich für Ihren Arbeitgeber nutzen – und der folglich die Kosten dafür tragen will.
Die abweichende Standortanschrift ist z. B. erforderlich, wenn Sie umziehen und Ihren ISDN-Anschluss in der neuen Wohnung haben wollen.

Vorhandener Anschluss beim Kunden

- ☐ Neuanschluss
- ☐ Analog
- ☐ Euro-ISDN Mehrgeräte
- ☐ Euro-ISDN Tk-Anlagen
- ☐ Euro-ISDN XXL
- ☐ ______

Rufnrn. der vorhandenen Anschlüsse: ______

5 Soll Ihr alter Telefonanschluss in einen ISDN-Anschluss umgewandelt werden, tragen Sie unter *Vorhandener Anschluss beim Kunden* Art und Anzahl ein. Vergessen Sie nicht, Ihre Telefonnummer hier anzugeben: Die Telekom bezieht sich auf die dazugehörige Leitung, wenn sie den Anschluss einrichtet.

Gewünschte Anschlüsse des Kunden

ISDN Mehrgeräte AS — ☐ *Standard* ☐ *Komfort* — Anzahl [ ]

ISDN Tk Anlagen AS — ☐ *Standard* ☐ *Komfort* — Anzahl [ ]

ISDN 300 — Anzahl [ ]

ISDN XXL — Anzahl [ ]

Anz. benötigter Rufnr.: ______

- ☐ NTBA/NTBBA zur Selbstmontage auf Rufnr.: ______
- ☐ NTBA/NTBBA Montage durch Deutsche Telekom
- ☐ Beibehaltung oder ☐ Kündigung der Rufnummer ______

6 Unter *Gewünschte Anschlüsse des Kunden* tragen Sie nun die Art des ISDN-Basisanschlusses und die von Ihnen gewünschte Anzahl von Anschlüssen (im Normalfall einer) ein.
Der richtige Anschluss wird in der Regel der Mehrgeräteanschluss sein, insbesondere, wenn Sie Ihre alte Telefonnummer übernehmen wollen.
Falls Sie mehr als einen ISDN-Anschluss beauftragen wollen oder mit dem Gedanken an eine größere ISDN-Telefonanlage spielen, können Anlagenanschlüsse für Sie sehr interessant sein. Sie sollten sich dann aber dringend beraten lassen und die Ausführung sowohl der Anschlüsse als auch der Anlage einem Fachunternehmen überlassen. Nicht ohne Grund war die Errichtung von Anlagen dieser Größenordnung noch bis vor kurzem nur qualifizierten und amtlich zugelassenen Personen erlaubt.

Info

Anschlussvarianten

Hier können Sie verschiedene Varianten auswählen: ISDN-Anschlüsse gibt es in den Ausführungen Standardanschluss oder - mit erweiterten Leistungsmerkmalen - Komfortanschluss. Mehrgeräteanschlüsse sind zudem noch in verschiedenen Tarifvarianten verfügbar. Leistungsumfänge und Tarifvarianten können sich kurzfristig ändern. Aktuelle Informationen erhalten Sie bei der Telekom, z. B. im Internet unter www.telekom.de/tarife, oder in den Fachgeschäften.

Ein normaler ISDN-Anschluss bei der Telekom kann innerhalb von sechs Tagen gekündigt werden. Bei bestimmten Tarifvarianten binden Sie sich mitunter erheblich länger an die Telekom - das sollten Sie bei der Beauftragung beachten.

Auf dem ISDN-Auftragsformular können Sie übrigens auch einen T-DSL-Anschluss beauftragen, der in einem späteren Kapitel beschrieben wird.

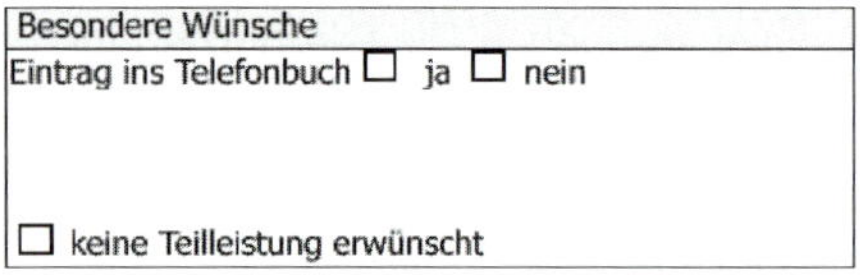
Besondere Wünsche
Eintrag ins Telefonbuch ☐ ja ☐ nein
☐ keine Teilleistung erwünscht

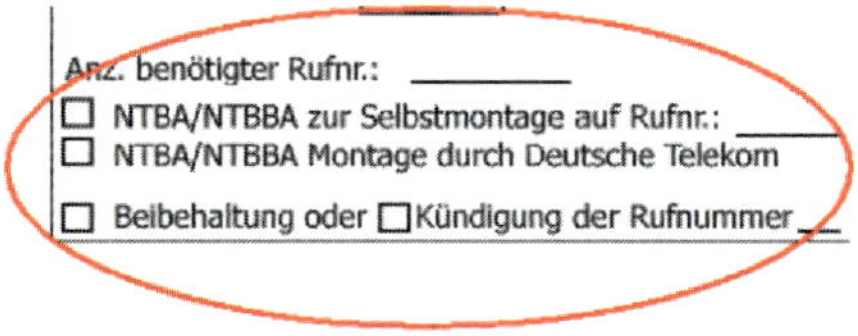
Anz. benötigter Rufnr.: ________
☐ NTBA/NTBBA zur Selbstmontage auf Rufnr.: ____
☐ NTBA/NTBBA Montage durch Deutsche Telekom
☐ Beibehaltung oder ☐ Kündigung der Rufnummer __

7 Besondere Wünsche individualisieren Ihren Anschluss.
Einer der wichtigsten ist der NTBA zur Selbstmontage. Unter der Voraussetzung, dass Sie eine Leitungsführung anhand der dazugehörigen Telefonnummer nachweisen können, wird Ihnen ein NTBA, das für ISDN notwendige Netzabschlussgerät, zugeschickt. Der NTBA ist mit Steckanschlüssen ausgestattet und kann ohne Werkzeug von jedermann leicht montiert werden. Das erspart der Telekom den Einsatz eines Technikers vor Ort - und Ihnen die dadurch entstehenden Kosten. Sollten Sie indes keine Leitung nachweisen können, müssen Sie die Montage des Anschlusses kostenpflichtig vornehmen lassen.
Standardmäßig werden Ihnen mit Ihrem ISDN-Mehrgeräteanschluss drei Rufnummern, die so genannten MSNs, zugeteilt. Sollten Sie Ihren Telefonanschluss gekündigt haben, wird eine davon Ihre alte Telefonnummer sein. Sie können insgesamt bis zu zehn verschiedene MSNs mit einem ISDN-Anschluss beauftragen. Zur Zeit ist das kostenfrei.
Oft wird auch eine **E**inzel**v**erbindungs**ü**bersicht gewünscht. Die *EVÜ* gibt es bei der Telekom in

Einzugsermächtigung Sie erlauben der Deutschen Telekom anfal

Kontonummer: ______________________

Bankleitzahl: ______________________

Bankname/-ort: ______________________

Unterschrift: ______________________

verschiedenen Arten: mit verkürzter oder vollständiger Rufnummer, Ortsgespräche in einem Posten zusammengefasst oder vollständige Übersicht. Gleichzeitig oder stattdessen können Sie eine Rechnung nach MSNs getrennt beauftragen. So erhalten Sie detailliert für jede der Rufnummern Ihres Anschlusses einen getrennten Posten auf Ihren Telefonrechnungen.

8 Unter *Verzeichniseintrag* geben Sie an, wie Sie in den Telekommunikationsverzeichnissen aufgeführt werden wollen.
Wenn Sie hier nichts eintragen, wird der vollständige Datensatz des Auftraggebers übernommen, es sei denn, Sie widersprechen ausdrücklich der Veröffentlichung Ihrer Daten in den Kommunikationsverzeichnissen.
Über den Verzeichniseintrag erhalten Sie übrigens eine gesonderte Benachrichtigung. Natürlich können Sie ihn auch jederzeit ändern lassen, unabhängig von Ihrem ISDN-Anschluss.

9 Wenn Sie Ihre alte Telefonnummer auf den ISDN-Anschluss übernehmen wollen, ist die Kündigung des Telefonanschlusses zwingend erforderlich. Dieses Feld können Sie auch verwenden, wenn Sie umziehen.
Als Termin tragen Sie „mit Einrichtung ISDN" ein oder geben bei Abweichungen vom Auftragstermin ein konkretes Datum an.
Mitunter wird das Feld *Kündigung* auf neueren Formularen durch *Vorhandene Anschlüsse beim Kunden* ersetzt.

10 Wenn Sie Ihren alten Telefonanschluss kündigen, genügt die Angabe „wie bisher" nicht. Sie müssen die Einzugsermächtigung erneut erteilen. Übrigens können Sie Ihre Telefonrechnung auch per Überweisung bezahlen, eine Einzugsermächtigung müssen Sie der Telekom nicht erteilen.

Unterschrift des Kunden

Die Vertragsabwicklung erfolgt nach den AGB und Preislisten sowie den Verzeichnissen für die Tarifbereiche der De
Telekom AG, sowie in den T-Punkten erhältlich. Ich willige ein, dass die Deutsche Telekom AG vor Vertragsabschlu
Telekom Konzerns und von Wirtschaftsauskunftsdateien Auskünfte zum Zweck der Bonitätsprüfung einholt und im

Datum, Unterschrift des Kunden ________________

11 Unterschrift, Ort und Datum eintragen und abgeben. Damit ist Ihr ISDN-Anschluss beauftragt.

Der Auftrag ist erteilt – was nun?

Sie haben das ausgefüllte Formular abgegeben. Jetzt wird Ihr Auftrag von der Telekom bearbeitet.

Relativ kurzfristig – im Allgemeinen innerhalb einer Woche – bekommen Sie von der Telekom eine schriftliche Auftragsbestätigung. Sollte die Auftragsbestätigung länger auf sich warten lassen, wird es im Zusammenhang mit Ihrem Auftrag irgendein Problem geben. Das kann ein nicht vollständig ausgefüllter Auftrag sein, das kann an logistischen oder technischen Problemen der Telekom liegen oder auch einfach nur eine Nachlässigkeit sein (auch bei der Telekom machen Menschen Fehler).

Es lohnt sich dann meistens, dort nachzufragen, wo man den Auftrag eingereicht hat. Lassen Sie sich aber nicht mit pauschalen Aussagen abspeisen („Das dauert immer so lange."), sondern fragen Sie konkret nach, wo das Problem liegt. Zwar werden Sie auf die Lösung des Problems selten Einfluss haben, aber Sie erfahren dann wenigstens, woran die Verzögerung liegt und wie lange sie dauern kann.

In seltenen Fällen, insbesondere wenn Sie einen sehr kurzfristigen Terminwunsch genannt haben, schafft es die Telekom nicht, eine Auftragsbestätigung rechtzeitig zu versenden, sie wird Sie dann telefonisch über Ihren Auftrag informieren.

Die Auftragsbestätigung

Lesen Sie sich die Auftragsbestätigung genau durch. Dieses Schreiben ist zwar eher unübersichtlich, trotzdem sollten Sie alle wichtigen Elemente aus Ihrem Auftragsformular wiederfinden. Achten Sie besonders darauf, dass das Einrichtungsdatum mit Ihrem Terminwunsch übereinstimmt.

Ferner sollten Sie Angaben über die Ihnen zugeteilten MSNs finden, die dazugehörigen Leistungsmerkmale, die Art und die Tarifvariante des Anschlusses, Ihre Bankverbindung, wenn Sie eine Einzugsermächtigung erteilt haben, die einmaligen und regelmäßigen Kosten und so weiter.

Sollten Sie Unstimmigkeiten mit Ihrem Auftrag feststellen, rufen Sie möglichst umgehend die auf der Auftragsbestätigung angegebene Telefonnummer an und bitten um entsprechende Berichtigung. Normalerweise können Fehler noch vor der Einrichtung Ihres ISDN-Anschlusses korrigiert werden.

Die Einzelverbindungsübersicht

Wenn Sie eine Einzelverbindungsübersicht beauftragt haben, erhalten Sie noch ein Schreiben mit einem EVÜ-Auftragsformular, in dem Sie Ihren Auftrag noch einmal gesondert erteilen. Sie müssen alle Erwachsenen in Ihrem Haushalt (oder in Ihrem Betrieb) unterschreiben lassen, dass sie von der Einzelverbindungsübersicht Kenntnis erhalten haben. Es genügt im Allgemeinen auch, dass Sie sich verpflichten, jetzt und in Zukunft alle Erwachsenen, die Ihren Anschluss benutzen, über die Einzelverbindungsübersicht zu informieren.

Die Benachrichtigung über Einträge in die Kommunikationsverzeichnisse

Sie erhalten mit der Auftragsbestätigung oder mit getrennter Post auch eine Benachrichtigung über die Einträge in die Kommunikationsverzeichnisse. Auch hier gilt: Sollten Sie Unstimmigkeiten mit Ihrem Auftrag feststellen, dann rufen Sie die dort angegebene Telefonnummer an.

Änderungen an Ihrem „Telefonbucheintrag" können Sie übrigens jederzeit vornehmen lassen. Natürlich werden keine Fantasienamen eingetragen. Ansonsten haben Sie erhebliche Gestaltungsmöglichkeiten. Abgekürzte Vornamen, Berufsbezeichnungen oder Einträge ohne Adresse sind möglich. Statt Ihres Namens können Sie z. B. Ihre Firma angeben. Sie können auch die entsprechenden Dienste eintragen lassen, z. B. Ihre Faxnummer. Und natürlich können Sie dem Eintrag in die Kommunikationsverzeichnisse auch komplett widersprechen.

Sollten Sie einen Gewerbebetrieb o. Ä. haben, können Sie sich auch in die Gelben Seiten eintragen lassen. Ein Fließsatz-Standardeintrag ist übrigens kostenlos. Gestaltete Anzeigen sind mitunter sehr teuer – und haben oft keine größere Werbewirkung als ein Standardeintrag.

Übrigens haben Sie Anspruch darauf, jede Ihrer MSNs einzeln in den Telekommunikationsverzeichnissen aufzuführen. Es ist also kein Problem, jedem Ihrer Kinder einen Telefonbucheintrag zu gönnen, auch wenn es mehr als sieben sind.

Der NTBA zur Selbstmontage

Sie haben den NTBA zur Selbstmontage beauftragt? Sehr gut, Sie haben der Telekom den Einsatz eines Technikers und sich selbst die Kosten erspart.

Den NTBA zur Selbstmontage können Sie übrigens nur bekommen, wenn Sie der Telekom eine Leitungsführung nachweisen können. Im Allgemeinen ist das Ihr zeitgleich gekündigter Telefonanschluss. Sollten Sie jedoch umgezogen sein, müssten Sie der Telekom den Namen und die Rufnummer des Vorbesitzers nennen können, um den NTBA selbst montieren zu dürfen.

Bei kompletten Neuanschlüssen wird Ihnen der Telekom-Techniker einen NTBA samt der dazugehörigen Leitung montieren, natürlich gegen entsprechende Berechnung. Ist ja auch klar: Woran sollten Sie denn einen NTBA anschließen, wenn Sie keine Leitung zur Verfügung haben?

Das mache ich selbst – So installieren Sie Ihren ISDN-Anschluss

Sie haben nun Ihren ISDN-Anschluss beauftragt und der bürokratische Kram ist mittlerweile erledigt: Die Auftragsbestätigung mit dem Ausführungsdatum liegt Ihnen – hoffentlich – vor, der NTBA wurde Ihnen auch bereits zugeschickt (wenn Sie den NTBA zur Selbstmontage beauftragt haben). Jetzt nehmen Sie also die technische Seite Ihres ISDN-Anschlusses in Angriff.

Im Folgenden wird beschrieben, wie Sie einen ISDN-Anschluss der Deutschen Telekom AG in Betrieb nehmen. Für einen ISDN-Anschluss eines anderen Netzbetreibers gilt im Wesentlichen das Gleiche. Manche Besonderheiten gelten natürlich nur für den T-ISDN-Anschluss der Telekom. Insbesondere ist die Störungsstelle der Telekom, der T-Service, nur für Telekom-eigene Anschlüsse zuständig und nicht für die Anschlüsse anderer Netzbetreiber.

Heute wird der ISDN-Anschluss eingerichtet

Und endlich ist der große Tag da! Heute wird Ihr ISDN-Anschluss eingerichtet!

Zu einem betriebsfähigen ISDN-Anschluss gehört auf jeden Fall das Netzabschlussgerät, der NTBA. Da an diesen kleinen Kasten direkt ISDN-Geräte angeschlossen werden können, wird er manchmal auch – etwas weniger technisch – Netzabschlussdose genannt. Der NTBA gehört zum ISDN-Anschluss wie der Deckel zum Topf. Darum wird er Ihnen auch vom Netzbetreiber zur Verfügung gestellt. Sie müssen ihn also nicht zusätzlich erwerben.

Im einfachsten Fall sehen Sie von Ihrem ISDN-Anschluss nur den NTBA. Es gibt nun zwei Möglichkeiten: Sie lassen Ihren ISDN-Anschluss von einem Techniker der Telekom einrichten oder Sie machen alles selbst. Diese Entscheidung haben Sie ja schon gefällt, als Sie den ISDN-Anschluss beauftragt haben.

Der Techniker montiert Ihnen Ihren Anschluss

Dann brauchen Sie sich um nichts zu kümmern. Sagen Sie dem Techniker, wohin er den NTBA montieren soll, und schließen Sie einfach nur Ihre ISDN-Geräte daran an.

Sie machen alles selbst

Das spart der Telekom natürlich Arbeit, und Sie müssen der Telekom nicht den Montageaufwand des Technikers bezahlen. Die Selbstmontage setzt natürlich voraus, dass Sie einen Telefonanschluss hatten, den Sie bei der Beauftragung Ihres ISDN-Anschlusses gekündigt haben. Zumindest mussten Sie der Telekom einen Leitungsweg nachweisen, damit sie alles Nötige für die Bereitstellung Ihres ISDN-Anschlusses von der Vermittlungsstelle aus erledigen kann. Den Rest überlässt sie Ihnen.

Auf diesen Leitungsweg wird also Ihr ISDN-Anschluss geschaltet und Sie schließen daran den NTBA an, den Sie von der Telekom erhalten haben. Der NTBA wird Ihnen im Allgemeinen rechtzeitig vor Inbetriebnahme Ihres ISDN-Anschlusses per Post zugeschickt. Sollte er Sie nicht rechtzeitig erreichen, rufen Sie zwei oder drei Tage, bevor Ihr ISDN-Anschluss geschaltet werden soll, bei der Telekom an – die Rufnummer finden Sie auf der Auftragsbestätigung – und fragen nachdrücklich nach dem Verbleib des NTBA. Auch die Post liefert manchmal verzögert, und im Zweifelsfall müssen Sie sich selbst in einen T-Punkt bemühen und sich dort einen NTBA aushändigen lassen. Das ist zwar nicht mehr der offizielle Vertriebsweg und man wird dort etwas murren, aber nach wie vor sollte jeder T-Punkt für solche dringenden Notfälle einige NTBAs bereithalten.

Montage des NTBA

1 Prüfen Sie vor der Montage unbedingt nach, ob Ihr altes Telefon an Ihrem Anschluss nicht mehr funktioniert. Ziehen Sie dann den Stecker des Telefons aus der Telefonanschlussdose (TAE-Dose).

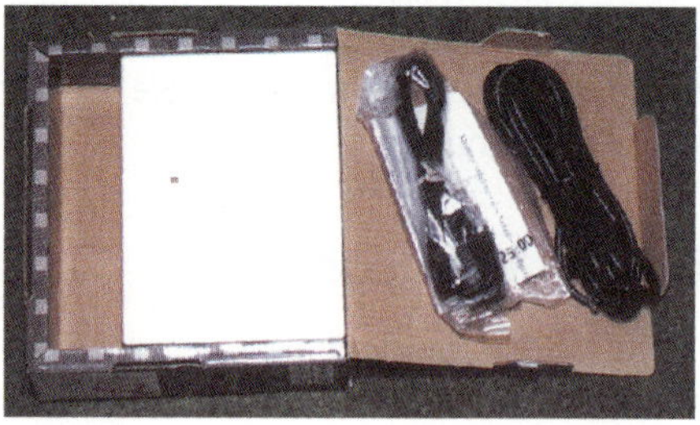

2 Den NTBA zur Selbstmontage montieren Sie mit den in der Verpackung liegenden Schrauben und Dübeln in der Nähe der TAE-Dose senkrecht an die Wand, und zwar so, dass sich die Anschlussbuchsen auf der Unterseite befinden. Das ist insbesondere dann wichtig, wenn Sie den 230-Volt-Netzanschluss des NTBA benötigen (siehe unten): Das Netzteil im NTBA erzeugt Wärme, die bei falscher Montage des Geräts die Elektronik störend beeinflussen könnte.

So sieht ein NTBA von unten aus. Links wird der NTBA mit der Telefonleitung verbunden. An die zwei Buchsen rechts der Mitte können ISDN-Geräte direkt angeschlossen werden. Ganz rechts befindet sich der 230-Volt-Anschluss für das Netzteil der S_0-Busversorgung. Oben erkennt man die Klappe, hinter der sich Klemmenleisten befinden, mit denen man den NTBA direkt an einer Fernmelde-Hausinstallation anschließen kann.

3 Das dem NTBA beiliegende TAE-Kabel stecken Sie mit dem kleinen Stecker in die linke Buchse des NTBA. Danach verbinden Sie den TAE-Stecker mit der TAE-Dose, an der vorher Ihr Telefon angeschlossen war. Dieser Stecker hat spezielle Stege, die verhindern, dass in die TAE-Dose keine anderen Stecker mehr eingesteckt werden können: Der NTBA ist – bei ISDN – das einzige Gerät, das Sie an die Telekom-TAE-Dose anschließen können. Jedes weitere Gerät, das Sie vor dem NTBA anschließen, würde Ihren Anschluss sehr wahrscheinlich außer Betrieb setzen. Nach wenigen Minuten sollte die grüne Lampe am NTBA aufleuchten. Das ist das Zeichen dafür, dass der Anschluss betriebsfähig ist. Und fertig ist Ihr ISDN-Anschluss!

Info

Das grüne Lämpchen am NTBA

Das Leuchten des Lämpchens (Leuchtdiode) am NTBA sollte eigentlich anzeigen, dass der ISDN-Anschluss betriebsfähig ist. In den meisten Fällen wird das auch der Fall sein.

Technisch gesehen zeigt die Leuchtdiode nur an, dass eine Speisespannung von der Vermittlungsstelle vorhanden ist. Es ist kein Indiz dafür, ob Ihr ISDN-Anschluss wirklich funktioniert. Sie leuchtet sogar auf, wenn Sie den NTBA an einer normalen Telefondose anschließen. Die Leuchtdiode zeigt nur eins sicher an: Wenn sie nicht leuchtet, funktioniert auch der Anschluss nicht.

Sollte also Ihr ISDN-Anschluss gar nicht funktionieren, obwohl die Leuchtdiode leuchtet, ist das ein Fall für die Störungsstelle. Vorausgesetzt natürlich, dass Ihre ISDN-Geräte richtig konfiguriert und angeschlossen sind.

Info

NTBA früher und heute

Noch etwas: Bis vor einigen Jahren gab es NTBAs, die eine graubeige Farbe und „angewachsene" Anschlusskabel hatten. Auch diese Geräte hatten eine grüne Leuchtdiode – allerdings zeigte sie an, dass das Netzteil an 230 Volt angeschlossen ist, und nicht, dass von der Vermittlungsstelle die Speisespannung kommt.

Heute sind NTBAs der Deutschen Telekom einheitlich groß und weiß und sie haben durchweg Steckanschlüsse. Aber egal, ob Sie einen neuen oder einen alten NTBA haben, beide funktionieren gleichermaßen absolut einwandfrei.

4 Der NTBA hat auch einen Anschluss für 230-Volt-Netzspannung. Damit wird nicht etwa der NTBA mit Strom versorgt: Seine „Betriebsspannung" bekommt er über die Telefonleitung von der Vermittlungsstelle. Die Netzspannung benötigt der NTBA nur zur Spannungsversorgung von ISDN-Geräten. Ob Sie den NTBA wirklich an die 230-Volt-Netzspannung anschließen müssen, hängt davon ab, welche Art von ISDN-Geräten Sie an Ihrem ISDN-Anschluss betreiben wollen.

5 ISDN-Geräte mit einem eigenen 230-Volt-Netzanschluss sind für ihren Betrieb nicht auf die „Speisung" aus dem NTBA angewiesen. Wenn Sie an Ihrem NTBA ausschließlich ISDN-Geräte mit eigenem Stromanschluss betreiben, benötigen Sie den 230-Volt-Netzanschluss des NTBAs nicht.
Zu den Geräten mit eigenem 230-Volt-Netzanschluss gehören vor allem ISDN-Telefonanlagen, ISDN-Schnurlostelefone, aber auch ISDN-Karten: Diese beziehen ihre Betriebsspannung natürlich aus dem PC, in dem sie eingebaut sind.

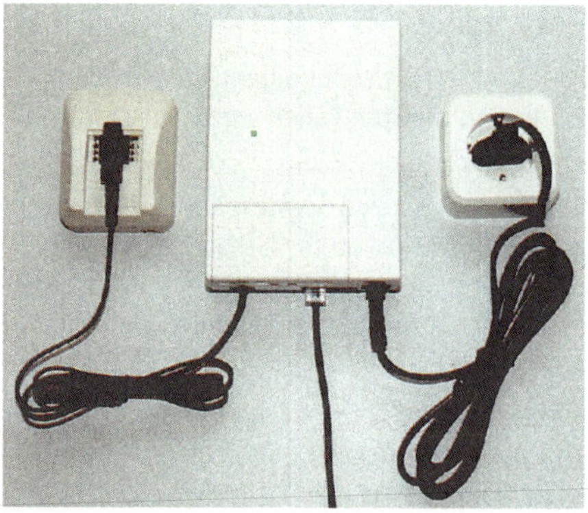

6 ISDN-Geräte ohne eigenen 230-Volt-Netzanschluss – dazu gehören die meisten ISDN-Telefone – sind allerdings auf die Spannungsversorgung aus dem NTBA angewiesen. Sollte auch nur eines Ihrer ISDN-Geräte keinen eigenen Netzanschluss haben, müssen Sie den NTBA an 230 Volt anschließen.

Meinen Telefonanschluss habe ich seit Jahrzehnten – aber keine TAE-Dose!

Sie haben zwar einen Telefonanschluss, aber gar keine TAE-Dose, an die Sie den NTBA anschließen könnten? Macht nichts. Die Telekom stellt Ihnen eine „TAE-Dose zur Selbstmontage" kostenlos zur Verfügung. Diese Dose können Sie als Aufputz- oder Unterputz-Dose bekommen. Sollte ein T-Punkt in Ihrer Nähe sein, ist es am einfachsten, die Dose dort abzuholen. Ansonsten können Sie sie sich durch den T-Versand zuschicken lassen (kostenfreie Rufnummer: 0800 330 1000).

Info

TAE-Dose ohne Schraubklemmen?

Die TAE-Dosen der Telekom haben heute keine Schraubklemmen mehr, sondern eine so genannte LSA-plus-Kontaktleiste. LSA steht für **L**öt-, **S**chraub- und **A**bisolierfrei: Die Adern werden isoliert in einzelne Schlitze eingelegt und mit einem speziellen Anlegewerkzeug durch Eindrücken einfach eingeklemmt. Dabei wird die Isolation durch die Form der Kontakte, die berührungssicher in den Schlitzen sitzen, aufgetrennt und der Kupferleiter wird sicher kontaktiert.

Mit der LSA-Technik schließen Sie Adern nicht nur zuverlässig, sondern auch berührungssicher an. Gerade wenn Sie wenig Erfahrung mit „Elektrisch" haben, können Sie kaum etwas falsch machen. Die Telekom liefert mit jeder Dose ein einfaches Plastik-Anlegewerkzeug mit. Dieses Anlegewerkzeug sollten Sie für alle Fälle aufheben: Wenn Sie mal etwas an dieser Dose ändern müssen, können Sie es wieder verwenden.

Nicht nur bei den Telekom-TAE-Dosen finden Sie die LSA-plus-Technik. Überall in der Verkabelung von Telekommunikationsnetzen hat sich diese Technik durchgesetzt und andere Anschlusssysteme fast verdrängt. In der Datennetzwerktechnik bei Twisted-Pair-Verkabelungen werden LSA-plus-Kontakte ausschließlich verwendet. Jeder professionelle „Netzwerker" und jeder professionelle „Telefoner" hat sein LSA-Werkzeug immer dabei. (Es gibt übrigens auch große LSA-Anlegewerkzeuge, die die Adern auch noch auf die richtige Länge kürzen. Allerdings sind die nicht ganz billig, und für „nur mal eben" eine Dose anzuschließen, genügt das mit der Telekom-Dose mitgelieferte Plastikteilchen allemal.)

Probieren Sie das Anlegewerkzeug vorher einfach mal ohne Adern aus: Das Formstück des Werkzeugs wird senkrecht auf die Dose aufgesetzt und gleitet leicht in die einzelnen Schlitze. (Falls nicht, halten Sie das Werkzeug wahrscheinlich verkehrt herum.) Wenn Sie eine Ader einlegen, spüren Sie beim Andrücken einen Widerstand. Drücken Sie die Ader bis zum Anschlag in den Schlitz. Dabei wird die Isolation durchtrennt und die blanke Ader wird mit den in den Schlitzen liegenden Kontaktmessern zuverlässig verbunden.

Die TAE-Dose installieren

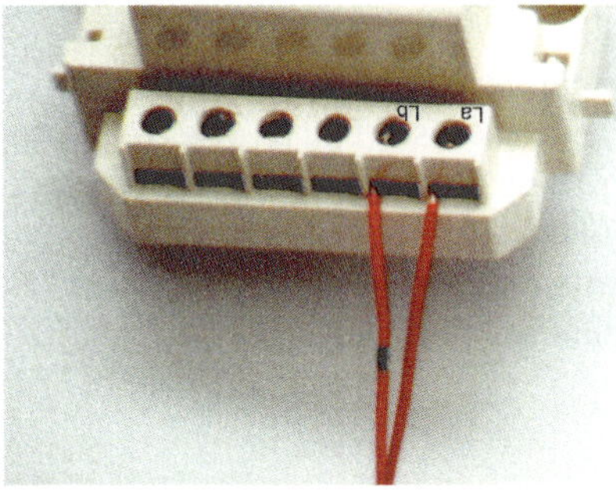

1 Schrauben Sie den Deckel der alten Telefondose ab und bauen Sie die Dose aus der Wand aus bzw. von der Wand ab. Entfernen Sie vorerst keine der Adern, die an der Dose angeklemmt sind! Meistens kommen vier oder noch mehr Adern an Ihrer Telefondose an. Gleichgültig, wie viele Adern sich in Ihrer Dose verstecken: Sie benötigen für die neue TAE-Dose und Ihren ISDN-Anschluss nur zwei davon.

Info

Vorsicht! Hochspannung!

Da auf der Telefonleitung bei einem ISDN-Anschluss eine Spannung von knapp 100 Volt vorhanden ist, rate ich dringend, die Dose nur mit allergrößter Vorsicht zu wechseln! Wenn Sie die beiden Adern gleichzeitig berühren, bekommen Sie einen Stromschlag, der schon ziemlich schmerzhaft ist und unter Umständen auch gesundheitliche Schäden verursacht.

Sollten Sie noch nie an etwas Elektrischem herumgebastelt haben oder grundsätzlich unsicher sein, empfehle ich, dass Sie jemanden mit der Aufgabe des Dosenwechselns betrauen, der sich mit so etwas auskennt. Genau genommen müssen Sie sogar einen in der Kommunikationstechnik unterwiesenen Fachmann damit beauftragen.

Wenn Sie aber mit der gebotenen Sorgfalt arbeiten, können Sie mit dieser Schritt-für-Schritt-Anleitung eigentlich nichts falsch machen.

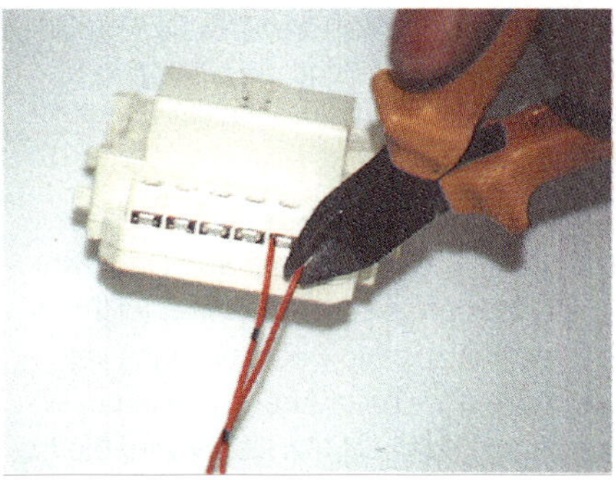

2 Suchen Sie an der alten Dose die Klemmen, die mit La und Lb beschriftet sind. Da Sie für die neue Dose wegen der LSA-Kontaktleiste keinen abisolierten Draht benötigen, schneiden Sie die Ader, die an La angeschlossen ist, nahe an der Dose einfach ab. Das geht am besten mit einem kleinen Seitenschneider.

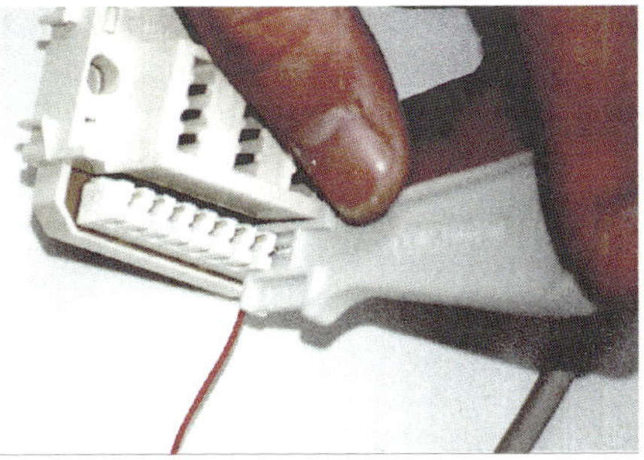

3 Legen Sie diese Ader in den Schlitz der neuen TAE-Dose, der mit 1 beschriftet ist. Klemmen Sie die Ader mit dem Anlegewerkzeug bis zum Anschlag im Schlitz fest. Keine Sorge: Der Kontakt wird dadurch wirklich zuverlässig hergestellt.

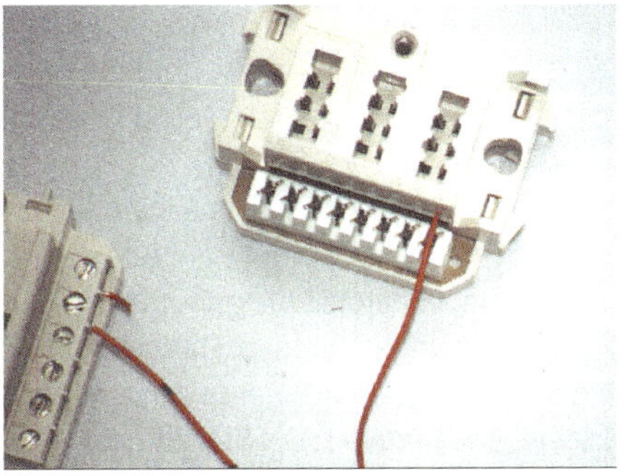

4 Nun durchtrennen Sie die Ader, die an der alten Dose noch an Lb angeschlossen ist, ebenfalls nahe an der Dose.

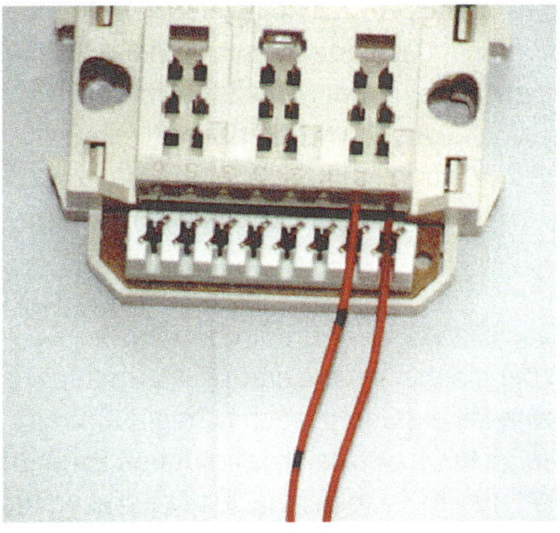

5 Legen Sie diese Ader in den Schlitz „2" der neuen Dose und drücken Sie sie ebenfalls fest. Sollten noch weitere Adern an der alten Dose angeklemmt sein: Schneiden Sie diese ebenfalls dosennah ab und lassen Sie sie isoliert einfach hängen. Sie werden nicht mehr benötigt. Wie gesagt: Für den ISDN-Anschluss sind nur die zwei Adern erforderlich, die jetzt an der neuen TAE-Dose angeschlossen sind.

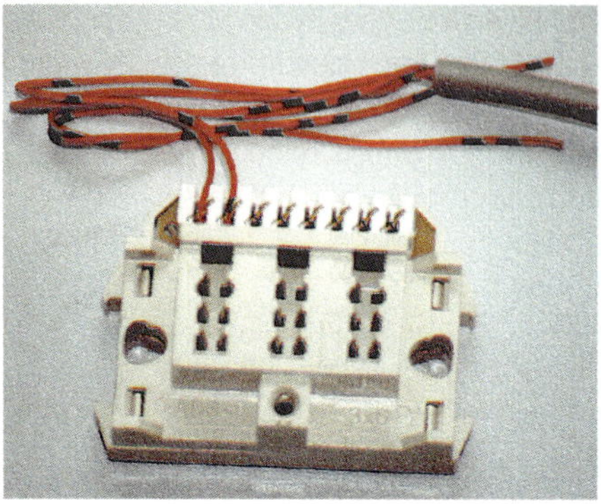

6 Die neue Dose können Sie nun – wie die alte Dose – in oder auf der Wand befestigen. Lose Adern legen Sie so in die Hohlräume, dass sie sich nicht gegenseitig oder andere Metallteile berühren. Schrauben Sie den Deckel auf und Ihre TAE-Dose ist fertig. Und daran schließen Sie – wie vorher beschrieben – den NTBA an.

Jetzt die ISDN-Geräte anschließen und los geht's!

Im Prinzip war's das: Ihr ISDN-Anschluss ist damit betriebsbereit. Die Arbeit der Telekom ist damit getan. Nun schließen Sie nur noch Ihre ISDN-Geräte an. Alle derzeit im Handel erhältlichen ISDN-Geräte haben zum Anschluss die genormte S_0-Schnittstelle und werden mit einheitlichen Steckern angeschlossen. Der breite achtpolige Western-Stecker, von dem im ISDN nur die mittleren vier Kontakte benötigt werden, passt in jede Buchse des NTBA oder in jede andere ISDN-Steckdose.

Der Anschluss der Western-Stecker, auch RJ45-Stecker (für **R**egistered **J**ack, genormte Steckverbindung) genannt, ist denkbar einfach: Er wird nur in die Buchse eingeschoben, bis die kleine Kunststoff-Sperrklinke hörbar einrastet. Zum Lösen des Western-Steckers drücken Sie die Sperrklinke an den Steckerkörper – das ist manchmal etwas „fummelig" – und ziehen den Stecker aus der Buchse heraus. Jetzt können Sie fröhlich drauflostelefonieren, -faxen, -surfen oder sonstwie kommunizieren. Oder?

Nicht wirklich. Im Allgemeinen sind fast alle ISDN-Geräte sofort nach dem Anschließen betriebsbereit. Aber Sie nutzen die Möglichkeiten Ihres ISDN-Anschlusses und Ihrer Geräte nur dann voll aus, wenn Sie die Geräte auch richtig auf Ihren Anschluss einstellen. Was Sie im Einzelnen an Ihren Geräten konfigurieren können und wie Sie die Leistungsmerkmale sinnvoll nutzen, ist in den nächsten Kapiteln beschrieben.

Hilfe – es funktioniert nicht!

Hin und wieder kommt es vor, dass der ISDN-Anschluss nicht oder nicht richtig funktioniert: Ihre Geräte machen also nicht das, was sie eigentlich sollen. In diesem Fall ist die Störungsstelle zuständig. Wenn Ihr ISDN-Anschluss von der Deutschen Telekom AG ist, rufen Sie die kostenlose Rufnummer 0800 330 2000 an und beschreiben das Problem.

Haben Sie den NTBA gerade erst angeschlossen und die grüne Leuchtdiode leuchtet nicht sofort auf? Haben Sie etwas Geduld. Die Vermittlungsstelle erkennt, dass Sie den NTBA an die Telefonleitung angeschlossen haben, und stellt dann bestimmte elektrische Betriebswerte automatisch ein. Normalerweise dauert das nur ein paar Minuten, in Einzelfällen kann es auch schon mal eine Viertelstunde sein. Das ist kein Defekt und kein Fehler und schon gar kein Fall für den Service. Sollte die Leuchtdiode nach einer Stunde immer noch nicht leuchten, überprüfen Sie noch einmal, ob Sie auch alles richtig gemacht haben. Wenn ja, dann ist es jetzt an der Zeit, den Service über Ihren funktionslosen ISDN-Anschluss zu informieren.

Besonders bei einem selbst montierten ISDN-Anschluss oder wenn Sie ISDN-Geräte verwenden, die nicht von der Telekom geliefert wurden, stellen sich die Mitarbeiter von der Telekom manchmal etwas ablehnend an. Vielleicht wird ein Blick in die Notfallkiste am Ende des Buchs Ihr Problem schon lösen.

Wenn das Problem doch bei der Telekom liegt, wird Ihr Anschluss natürlich sachgerecht „entstört", und zwar ohne dass es Sie etwas kostet, außer vielleicht Ihre Nerven. Sollten die Techniker jedoch bei der Entstörung feststellen, dass der Fehler nicht auf der „Netzseite", sondern bei Ihnen liegt, wird man Ihnen die Entstörung oder mitunter auch nur die Überprüfung berechnen. Manchmal verzichtet die Telekom kulanterweise darauf, aber darauf sollten Sie sich nicht verlassen.

Sind die zwei Buchsen am NTBA die zwei Kanäle?

Am NTBA finden Sie zwei Buchsen, an die Sie je ein ISDN-Gerät direkt anschließen können. Denken Sie aber um: Bei der analogen Telefontechnik entsprach jede Buchse einer fest zugeordneten Leitung oder einem „Nutzkanal".

Der ISDN-Anschluss hat zwei digitale Nutzkanäle (B-Kanäle), die nicht bestimmten Leitungen fest zugeordnet sind. Vielmehr werden sie, zusammen mit dem dritten Kanal (D-Kanal), in kleine Datenpakete aufgeteilt und wechselweise hintereinander auf ein und derselben Leitung übertragen. Das geschieht so schnell, dass der Nutzer die beiden Nutzkanäle und den Steuerkanal praktisch gleichzeitig zur Verfügung hat. Alle Steckplätze eines ISDN-Anschlusses sind dabei parallel geschaltet. Egal, an welche Buchse eines ISDN-Anschlusses ein ISDN-Gerät angeschlossen wird: Es stehen überall dieselben Leistungen zur Verfügung.

Die zwei Buchsen des NTBA sind also nicht getrennt für jeden Nutzkanal. Auf jeder Buchse stehen beide Kanäle gleichzeitig zur Verfügung. Mit vielen ISDN-Geräten können Sie sogar beide Kanäle gleichzeitig benutzen. Denken Sie also um: Die Anordnung und Anzahl der ISDN-Anschlussdosen hat mit der Zuordnung der Nutzkanäle nichts zu tun.

Genau das Gleiche gilt für die einzelnen Rufnummern/MSNs, die Ihnen zugeteilt wurden. Da jeder Kanal beliebig von einem ISDN-Dienst und einer Rufnummer belegt werden kann, gibt es auch hier keine feste Zuordnung zu physisch vorhandenen Anschlüssen.

Info

Der NTBA – ein technisches Wunderding?

Seit Jahren hält sich hartnäckig das Gerücht, der NTBA sei das Wundergerät, das die vielen Möglichkeiten des ISDN überhaupt erst erzeugt. Das stimmt nicht, der NTBA ist vergleichsweise dumm. Praktisch gesehen, ist er wirklich nur die Anschlussdose. Die Leistungsmerkmale kommen von der Vermittlungsstelle und werden von den ISDN-Geräten benutzt. Der NTBA ist eigentlich nur die Steckvorrichtung dazwischen.

Genauso wenig ist der NTBA eine kleine Telefonanlage, die zwischen den angeschlossenen ISDN-Geräten kostenlose Interngespräche herstellen kann. Eine Verbindung von einem ISDN-Gerät auf ein anderes ISDN-Gerät am gleichen NTBA ist nur über die Vermittlungsstelle möglich, natürlich kostenpflichtig. Selbst die einfache Weitergabe von Verbindungen von einem ISDN-Gerät auf ein anderes am selben Anschluss ist nur mit einem Trick möglich.

Der NTBA hat also nichts mit Rufnummern, B-Kanälen oder Dienstekennungen zu tun. Vergleichen Sie ihn mit einer 230-Volt-Steckdose. Da kommt der Strom zwar heraus, aber erzeugt wird er im Kraftwerk.

Wenn Sie nur ein oder zwei ISDN-Geräte haben, die idealerweise in der Nähe Ihres ISDN-Anschlusses bzw. Ihres NTBA aufgestellt bzw. installiert sind, dann sind Sie jetzt wirklich fertig mit Ihrem ISDN-Anschluss.

Wenn Sie hingegen noch ein drittes Gerät oder weitere im ISDN benutzen wollen, müssen Sie Ihren Anschluss „erweitern“. Sofern sich alle ISDN-Geräte in der Nähe des NTBA bzw. im gleichen Raum befinden, verwenden Sie am einfachsten eine ISDN-Mehrfachsteckdose, die von einigen Herstellern auch Multiplug genannt wird. Das ist, ähnlich wie eine Mehrfach-Tischsteckdose für 230 Volt, eine kleine Leiste, in der sich ca. sechs ISDN-Buchsen befinden. An dieser Leiste ist ein Verlängerungskabel von etwa sechs Metern angebracht, das am Ende einen ISDN-Stecker hat, der einfach in eine der beiden Buchsen des NTBA gesteckt wird.

An diesen Multiplug können Sie bis zu sechs ISDN-Geräte anschließen. Was für die zwei Anschlussbuchsen des NTBA gilt, trifft auch für die Buchsen im Multiplug zu. Weil jede Buchse in der Steckdosenleiste parallel geschaltet ist, sind alle angeschlossenen Geräte absolut gleichberechtigt und können über alle ISDN-Funktionen gleichermaßen verfügen.

Info

Wie viele Geräte gehen überhaupt an einen ISDN-Anschluss?

Der ISDN-Anschluss hat zwei Kanäle und der NTBA hat zwei Anschlussbuchsen. Dass beides nichts miteinander zu tun hat, wissen Sie ja schon. Aber kann man tatsächlich mehr als zwei Geräte an einem ISDN-Anschluss betreiben?

Man kann, und zwar bis zu acht ISDN-Geräte. Wenn Sie den NTBA mit 230 Volt versorgen, dürfen vier der ISDN-Geräte – im Allgemeinen ISDN-Telefone – keine eigene Stromversorgung haben. Natürlich können von den angeschlossenen Geräten nur insgesamt zwei Verbindungen aufgebaut werden. Auch wenn am ISDN-Anschluss mehr als zwei Anschlussbuchsen vorhanden sind: Mehr als zwei Nutzkanäle bekommen Sie deshalb nicht.

Omas Telefon und ISDN – geht denn das?

Der ISDN-Wunderanschluss ist da und bietet Ihnen viele, viele Möglichkeiten. Aber Sie oder andere Familienmitglieder möchten trotzdem nicht auf das eine oder andere alte Telefon verzichten? Oder Ihr Faxgerät soll nicht durch ISDN arbeitslos werden? Können Sie überhaupt die alten Schätzchen an Ihrem ISDN-Anschluss weiterbetreiben?

Im Prinzip ja, allerdings können Sie analoge Geräte nicht direkt an den NTBA anstöpseln. Vor dem NTBA können Sie auch nichts mehr anschließen, sonst würden Sie Ihren ISDN-Anschluss komplett außer Betrieb setzen. Außerdem würden analoge Geräte gar nicht mehr funktionieren.

Abhilfe schafft für solche Fälle ein so genannter ISDN-a/b-Wandler. An diesem kaum zigarrenkistengroßen Gerät schließen Sie bis zu zwei Ihrer analogen Geräte an und verschaffen ihnen so Zugang zum ISDN. Sollten Sie bereits eine analoge Telefonanlage haben, könnten Sie auch diese an einen a/b-Wandler anschließen. Allerdings ist das nur bedingt (als Übergangslösung) zu empfehlen: Damit verschenken Sie viel Leistung Ihres ISDN-Anschlusses, zum Beispiel die Möglichkeit, beide ISDN-Kanäle gleichzeitig zu benutzen.

Solche a/b-Wandler sind eigentlich kleine ISDN-Telefonanlagen. Die Wandler sind mitunter sehr reichhaltig ausgestattet und stehen in ihren Möglichkeiten einer

„großen" ISDN-Telefonanlage kaum nach. Deshalb finden Sie eine ausführliche Beschreibung im Kapitel über Telefonanlagen. Möglicherweise brauchen Sie gar keinen a/b-Wandler für Ihre analogen Geräte. Es gibt einige ISDN-Telefone und ISDN-Karten, die bereits Analoganschlüsse haben. Bei ISDN-Telefonanlagen in der Privatklasse sind Analogports Standard.

Neues Netz in alten Kabeln

Sie wollen mehr, zum Beispiel an verschiedenen Stellen Ihrer Wohung oder Ihres Hauses Ihren ISDN-Anschluss nutzen? Kein Problem: Sie können ja bis zu acht ISDN-Geräte gleichzeitig anschließen. Nur: Jetzt müssen Sie auch „mehr" aus Ihrem ISDN-Anschluss machen. Um eine Verkabelung kommen Sie praktisch nicht herum.

Die Unterschiede analoger und digitaler Verkabelung

Wenn Sie bereits in Ihrer Wohnung oder in Ihrem Haus in verschiedenen Räumen Telefone oder andere Endgeräte angeschlossen hatten, dann liegt bei Ihnen schon eine hausinterne Telekommunikationsverkabelung. So wie sie ist, können Sie sie im ISDN allerdings nicht weiter verwenden.

Oft sind die einzelnen Telefondosen in Reihe geschaltet. Dann ist jetzt keine Dose mehr in Betrieb, weil der NTBA in der ersten Dose alle nachfolgenden Dosen außer Betrieb gesetzt hat. Das ist so gewollt: Von der Vermittlungsstelle kommt ja jetzt keine normale Telefonleitung mehr, an der Sie Ihre alten Telefone anschließen können. Diese Leitung wird jetzt für das ISDN benutzt, und an diese Leitung gehört einzig und allein der NTBA.

Info

Kein Problem?

Sollte bei Ihnen der NTBA nicht auf der ersten Telefondose stecken, wie es die Telekom eigentlich vorschreibt, wird es in der Regel keine Probleme geben.

Da die ankommende Leitung von Dose zu Dose über einen Schaltkontakt weitergeführt wird, haben Sie damit allerdings eine mögliche Fehlerquelle. Abgesehen davon, dass versehentlich in diese Dosen eingesteckte Geräte den NTBA und damit den ISDN-Anschluss außer Betrieb setzen, sind die Schaltkontakte bestimmten Umwelteinflüssen ausgesetzt und können unter ungünstigen Umständen korrodieren und Störungen an Ihrem ISDN-Anschluss verursachen.

Also verwenden Sie nach Möglichkeit wirklich die erste Dose Ihres Anschlusses für den NTBA. Außerdem brauchen Sie die Kabel zu den anderen Dosen möglicherweise noch für Ihre eigene ISDN-Verkabelung

Wenn Ihr NTBA an der ersten Telefondose angeschlossen ist und die anderen Dosen komplett außer Betrieb sind, haben Sie die besten Voraussetzungen, um Ihre Verkabelung für ISDN weiter zu verwenden. Sie haben dann in Ihrer Verkabelung bereits eine Busstruktur, die für den Betrieb des so genannten S_0-Busses – so heißt die Verkabelung, die an einer S_0-Schnittstelle angeschaltet ist – erforderlich ist.

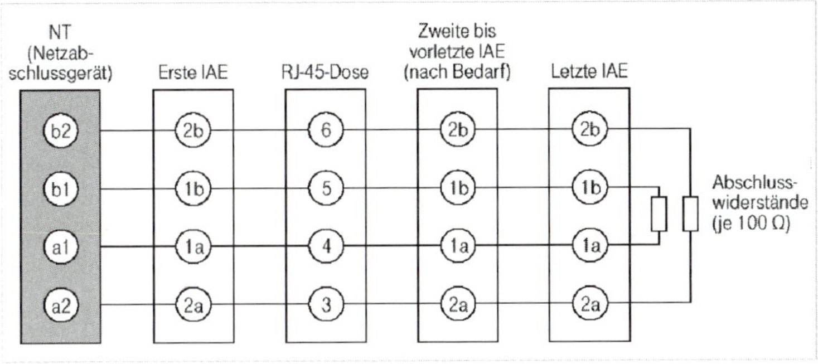

So ist ein S_0-Bus aufgebaut: Am einen Ende der NTBA, am anderen Ende zwei Abschlusswiderstände. Mehr Enden hat ein Bus nicht.

Sollten Sie bereits mehrere Endgeräte so angeschlossen haben, dass Sie intern miteinander telefonieren oder Gespräche weitergeben konnten, dann laufen die einzelnen Telefonkabel an einem zentralen Punkt zusammen. Sie haben dann eine Sternverkabelung. Am Mittelpunkt sitzt entweder eine (analoge) Telefonanlage, ein spezielles Telefon mit Vermittlungsfunktionen oder ein so genannter automatischer Mehrfachschalter. Alle diese Geräte können Sie am ISDN direkt nicht weiterverwenden, Sie können sie außer Betrieb nehmen.

Eine ISDN-Verkabelung darf allerdings aus technischen Gründen nicht sternförmig ausgeführt werden. Sollte bei Ihnen eine sternförmige Verkabelung vorhanden sein, können Sie diese im Allgemeinen nicht für ISDN verwenden. Durch einen Trick können Sie allerdings eine sternförmige Verkabelung auch zu einem Bus „umfunktionieren". Das hängt allerdings davon ab, ob in den vorhandenen Kabeln eine ausreichende Anzahl an Adernpaaren vorhanden ist.

Exkurs: Fernmeldekabel

Damit Sie Ihre Verkabelung besser verstehen, muss ich jetzt ein klein wenig theoretischer werden und ein paar Sätze zu Fernmeldekabeln schreiben. Erfahrungsgemäß werden gerade im Bereich der Verkabelung viele Fehler gemacht, die zum Teil zu erheblichen Störungen führen. Und solche Fehler werden oft überall gesucht, nur nicht an der Verkabelung. Vermeiden Sie solche Fehler, indem Sie die Verkabelung sorgfältig installieren - und vor allem auch verstehen.

Adernpaare, Doppeladern - was soll das?

In der Fernmeldetechnik ist eigentlich alles einfach: Der Strom geht hin und zurück, wie bei einem ganz normalen Stromkreis (Physikunterricht: Sie erinnern sich?). Und jede einzelne Leitung benötigt zwei Adern, niemals eine und niemals drei oder mehr. Die Fernmeldetechniker verwenden also grundsätzlich Adernpaare oder **D**oppel**a**dern (DA), und Fernmeldekabel haben grundsätzlich eine bestimmte Anzahl von Doppeladern. Die beiden Einzeladern jedes Paars werden mit a und b bezeichnet, manchmal kommt noch ein Index zur Unterscheidung dazu. Die ISDN-Schnittstelle S_0 hat zum Beispiel zwei Paare mit den Bezeichnungen a1 und b1 sowie a2 und b2.

Die Doppeladern sind in den Fernmeldekabeln auf bestimmte Weise mechanisch angeordnet: Die Einzeladern jedes Paars sind stets miteinander verdrillt, winden sich also sozusagen gegenseitig um sich selbst. In manchen Kabeln findet man auch jeweils vier Adern auf ähnliche Weise miteinander verbunden, das nennt man dann Sternvierer.

Ob Doppelader oder Sternvierer: Es hat einen ganz bestimmten Grund, dass sie miteinander verdrillt sind. Auf diese Weise ist sichergestellt, dass sie wenig empfindlich sind gegen Störfelder von außen - auch von ihren Nachbarpaaren - und selbst kaum ein Störfeld ausstrahlen. Einige weitere Gründe tragen nicht zum Verständnis bei und würden den Rahmen dieses Buchs sprengen.

Info

Adern immer paarweise verwenden!

Wenn Sie also Fernmeldekabel installieren, beachten Sie unbedingt, dass Sie die Adern grundsätzlich paarweise verwenden und nicht wahllos beliebige Adern aus dem Kabel herausfischen. Vielleicht können Sie es sich vorstellen, dass es nicht unbedingt störsicher ist, wenn Sie die Ader eines Paars zur Hinleitung und die Ader eines anderen Paars zur Rückleitung verwenden.

Weniger wichtig ist, welche Paare Sie für die einzelnen Leitungen verwenden. Allerdings ist es übersichtlicher, die Doppeladern der Reihenfolge nach zu verwenden und so eine gewisse Einheit zu bekommen.

Wenn Sie Ihre Telekommunikationsverkabelung installieren, verwenden Sie keine normale vielpolige Klingelleitung. Solche Kabel haben nur eine bestimmte Anzahl von Einzeladern. Nehmen Sie ausschließlich spezielle Fernmeldekabel. Nur so ist gewährleistet, dass Sie auch Doppeladern haben.

Die gebräuchlichsten Fernmeldekabel haben die Typenbezeichnung J-YY nx2x0,6 und J-Y(St)Y nx2x0,6.

Das n steht für die Anzahl der im Kabel vorhandenen Doppeladern. Ein Kabel mit der Typenbezeichnung J-Y(St)Y 4x2x0,6 hat also vier Doppeladern, entsprechend acht einzelnen Adern.

Die beiden genannten Kabeltypen unterscheiden sich ein klein wenig im Aufbau. Im Typ J-YY nx2x0,6 sind die Adern im Sternvierer angeordnet, im Typ J-Y(St)Y nx2x0,6 sind sie paarweise verdrillt. Bei letzterem gibt es auch noch eine Abschirmung aus metallbeschichteter Kunststofffolie.

Darüber hinaus gibt es noch einige weitere Kabeltypen, die für Fernmeldeinstallationen geeignet sind, zum Beispiel Kabel mit halogenfreien Aderisolationen und Kabelmänteln. Solche „PVC-freien" Kabel setzen beim Verbrennen keine gesundheitsschädlichen Halogene frei und werden in Gebäuden mit erhöhter Brandgefahr – insbesondere in öffentlichen Gebäuden – eingesetzt. Aber machen Sie sich keine Sorgen: PVC ist gegenüber normalen Umwelteinflüssen sehr stabil. Die PVC-haltigen Fernmeldekabel sind in privaten Umgebungen absolut problemlos einsetzbar.

Für welchen Kabeltyp Sie sich entscheiden, ist völlig gleichgültig: Beide sind gleich gut sowohl für ISDN- als auch für analoge Telefonverkabelung geeignet. Der Typ J-YY nx2x0,6 lässt sich etwas leichter verarbeiten. Wahrscheinlich wird er deswegen von der Telekom bevorzugt ☺.

Info

Wo bekomme ich die Kabel ?

Die genannten Fernmeldekabel bekommen Sie in jedem Baumarkt als Meterware oder in bestimmten Längen fertig abgepackt. Dort sind die Kabel oft teuer, es lohnt sich meistens, bei einem örtlichen Elektroinstallationsgeschäft nachzufragen. Natürlich hat auch jeder gut sortierte Telekommunikations-Fachhändler solche Fernmeldekabel auf Lager.

Es gibt auch Fernmeldekabel, die einen größeren Leiterdurchmesser haben (0,8 mm statt 0,6 mm). Diese Kabel sind nur erforderlich, wenn Sie mehrere Hundert Meter überbrücken müssen. Im Allgemeinen kommen Sie mit dem „dünnen" Kabel aus.

Fernmeldekabel gibt es in verschiedenen Umfängen, angefangen bei zwei bis weit über 100 Doppeladern. Für Installationen im Privatbereich benötigen Sie im Allgemeinen nie mehr als zehn Doppeladern. Oft kommen Sie auch mit zwei, vier oder sechs Paaren aus.

Viele, viele bunte Adern ...

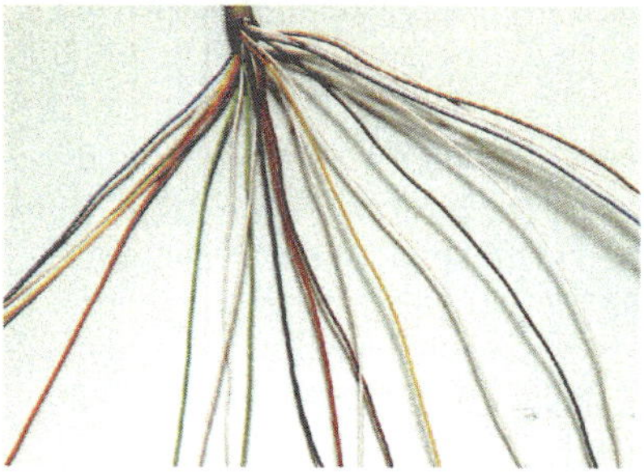

Ein aufgedröseltes Kabelende J-Y(St)Y 10x2x0,6. Obwohl das Kabel 20 Adern hat, findet man nur sieben Farben: Rot, Weiß, Blau, Gelb, Grün, Braun und Schwarz.

Es ist ein bisschen vertrackt, die einzelnen Doppeladern vor allem aus vielpaarigen Kabeln herauszufinden. Gemeinerweise beschränkt man sich auf nur wenige Unterscheidungsmerkmale der einzelnen Adern. Und selbst die beiden gängigen Kabeltypen J-YY und J-Y(St)Y haben ein unterschiedliches Kennzeichnungssystem. Wenn Sie das erste Mal ein Fernmeldekabel abmanteln (machen Sie das nicht zu knapp!), werden Sie sicher verwirrt sein. Zum Glück sind die Kennzeichnungen bei den genannten Fernmeldekabeln genormt, und wenn Sie das Prinzip der Reihenfolge der Doppeladern erst einmal begriffen haben, wird es Ihnen leicht fallen, damit zu arbeiten.

Ich habe es schon erwähnt: Im Privatbereich reichen Fernmeldekabel mit maximal zehn Doppeladern fast immer aus. Mehr sollten Sie sich wirklich nicht antun. Kleinere Kabel werden genauso „ausgezählt" wie 10-DA-Kabel, dort gibt es entsprechend weniger Paare.

Beim abgeschirmten Fernmeldekabel J-Y(St)Y werden die Adernpaare von außen nach innen „ausgezählt". Alle a-Adern sind weiß, mit Ausnahme der ersten a-Ader jeder neuen Lage. Diese a-Adern sind rot und werden als Zählader bezeichnet. Das erste Paar ist rot/blau. Von dort finden Sie die übrigen Paare in der Reihenfolge gemäß der folgenden Tabelle.

Zählweise beim Fernmeldekabel J-Y(St)Y 10x2x0,6		
Paar	a-Ader	b-Ader
1	rot	blau (bei zweipaarigen Kabeln: schwarz)
2	weiß	gelb
3	weiß	grün

Zählweise beim Fernmeldekabel J-Y(St)Y 10x2x0,6		
Paar	a-Ader	b-Ader
4	weiß	braun
5	weiß	schwarz
6	weiß	blau
7	weiß (oder rot*)	gelb
8	weiß (oder rot*)	grün
9	weiß	braun
10	weiß (oder rot*)	schwarz

**Wenn es die „Zählader" einer neuen Lage ist.*

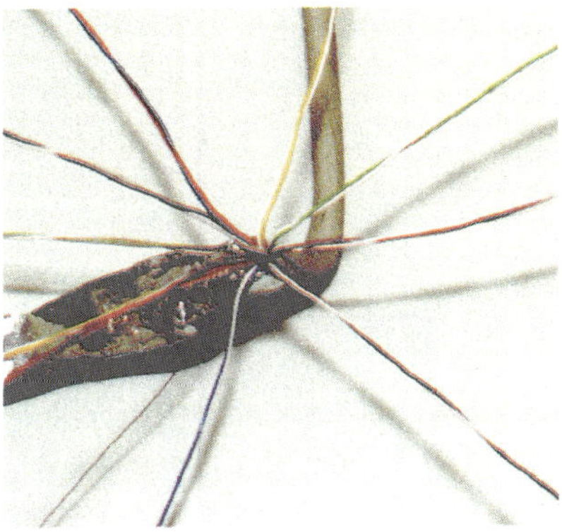

Der rote Pfeil kennzeichet das erste Adernpaar rot/blau, die weiteren Adernpaare sind im Uhrzeigersinn angeordnet. Die letzten Adernpaare befinden sich in der „Seele" des Kabels.

Im „Telekom"-Kabel J-YY sind je vier Adern in Sternvierern angeordnet. Alle vier Adern jedes Sternvierers haben eine einheitliche Farbe. Die einzelnen Adern sind durch Ringe in unterschiedlichem Abstand gekennzeichnet.

Zählweise beim Fernmeldekabel J-YY 10x2x0,6			
Paar	Adernfarbe	a-Ader	b-Ader
1	rot	ohne Ring	Einzelring, 17 mm Abstand
2	rot	Doppelring, 34 mm Abstand	Doppelring, 17 mm Abstand
3	grün	ohne Ring	Einzelring, 17 mm Abstand
4	grün	Doppelring, 34 mm Abstand	Doppelring, 17 mm Abstand
5	grau	ohne Ring	Einzelring, 17 mm Abstand
6	grau	Doppelring, 34 mm Abstand	Doppelring, 17 mm Abstand
7	gelb	ohne Ring	Einzelring, 17 mm Abstand

Zählweise beim Fernmeldekabel J-YY 10x2x0,6			
Paar	Adernfarbe	a-Ader	b-Ader
8	gelb	Doppelring, 34 mm Abstand	Doppelring, 17 mm Abstand
9	weiß	ohne Ring	Einzelring, 17 mm Abstand
10	weiß	Doppelring, 34 mm Abstand	Doppelring, 17 mm Abstand

Ein Kabel J-YY 10x2x0,6. Hier sind die Sternvierer noch miteinander verseilt.

Mit diesem kleinen Exkurs haben Sie zwar nicht alles über Fernmeldekabel gelernt. Aber wenn Sie diese Informationen beachten, sind Sie in der Lage, Ihre eigene Haus-Fernmeldeverkabelung sachgerecht und fehlerfrei durchzuführen.

ISDN im ganzen Haus – Der S_0-Bus

Im Wohnzimmer, im Arbeitszimmer, im Dachgeschoss, bei den Kindern – überall können Sie ISDN-Anschlussdosen installieren. Am NTBA finden Sie ja bereits zwei Buchsen, die Ihnen die genormte S_0-Schnittstelle zur Verfügung stellen. Die „Verlängerung" des NTBA und Ergänzung um weitere ISDN-Dosen nennt man S_0-Bus. Alle Dosen auf einer ISDN-Verbindungsleitung sind parallel geschaltet, die Adernbelegung aller ISDN-Dosen ist gleich. Die Installation ist also recht einfach.

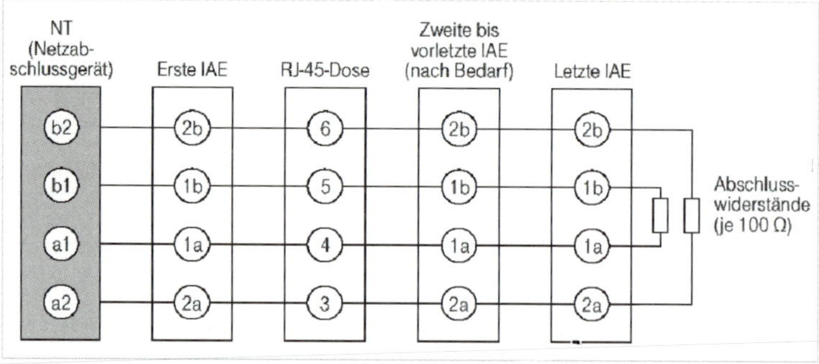

Aber es dürfen keine Verzweigungen auf der Busleitung entstehen: Mehr als zwei Enden sind nicht zulässig.

Info

Parallel geschaltet?

Die ISDN-Dosen sind, gleichspannungstechnisch gesehen, parallel geschaltet. Die digitalen Daten auf einem ISDN-S_0-Bus sind jedoch Wechselspannungen, die bis in den Hochfrequenzbereich reichen. Solche Hochfrequenz-Leitungen unterliegen ganz anderen physikalischen Gesetzmäßigkeiten als Gleichspannungsleitungen. Eine ISDN-Verkabelung muss als Leitung mit genau zwei Enden ausgeführt werden. Sie können also nicht einfach eine Verzweigung installieren und daran eine ISDN-Dose „parallel" anschließen. Das würde ein drittes Ende für die Verkabelung bedeuten. (Wahrscheinlich bedeutete es auch das Ende des störungsfreien Datenverkehrs auf dem S_0-Bus!)

Planen Sie aber vorher sehr sorgfältig. Beim S_0-Bus handelt es sich um eine Datenleitung, die einigen Einschränkungen unterliegt und die deshalb gewisse Anforderungen an die Ausführung stellt. Die wichtigsten sind:

- Die Buslänge, also die Länge des Kabels, darf – abhängig vom verwendeten Kabeltyp – möglichst nicht 120 m überschreiten.
- Es dürfen nicht mehr als zwölf ISDN-Anschlussdosen auf dem Bus installiert werden, wobei eine ISDN-Doppeldose als zwei Dosen gilt.
- Eine Verzweigung vom Bus ist nur für die Anschlusskabel der Endgeräte erlaubt und sollte 6 m, maximal 10 m, nicht überschreiten. Der installierte S_0-Bus darf also wirklich nur zwei Enden haben.
- Die Enden des S_0-Busses müssen mit Widerständen terminiert, das heißt abgeschlossen, werden. So werden Wellenreflexionen an den Busenden vermieden, die den Datenfluss auf dem S_0-Bus erheblich stören könnten. Im NTBA sind diese Widerstände bereits eingebaut, sodass Sie ihn als Busende verwenden können.

So genau muss man das sicher nicht nehmen. S_0-Busse können schon mal länger sein und man kann auch mal die Abschlusswiderstände vergessen, ohne dass sich das auf den Betrieb bemerkbar auswirkt. Wenn Sie die genannten Anforderungen einhalten, ist der sichere Betrieb jedoch garantiert.

Im günstigsten Fall sind in Ihrer Wohnung schon Telefonkabel verlegt und an den richtigen Stellen befinden sich bereits Telefonsteckdosen. Die Telefonkabel können Sie im ISDN meistens weiterverwenden, die Dosen werden Sie aber sicher austauschen müssen.

Überlegen Sie, ob die alten Telefondosen in Reihe geschaltet waren, das heißt, ob jeweils nur eine zur Zeit benutzt werden konnte. Dann haben Sie bereits eine Busstruktur im Kabel und Sie müssen nur die Dosen austauschen und das Kabelende an den NTBA anschließen.

Konnten Sie mehrere Telefone gleichzeitig, zum Beispiel für Internverbindungen, nutzen? Dann haben Sie wahrscheinlich eine Sternverkabelung, die Sie ohne weiteres nicht für Ihren S_0-Bus verwenden können. Wenn jeder Kabelstrang, der zu einer ISDN-Anschlussdose führen soll, mindestens vier Doppeladern hat, können Sie die Busstruktur durch eine Pseudo-Sternverkabelung zuverlässig herstellen: Zwei Adernpaare führen zur Dose und zwei Adernpaare kommen von der Dose zurück. Denken Sie dann daran, dass der einzelne Strang die doppelte Länge für den S_0-Bus bedeutet!

Eine andere Möglichkeit ist die Verwendung eines so genannten ISDN-Hubs. Ähnlich wie bei Datennetzwerk-Hubs, werden damit die ISDN-Daten nicht verändert, aber für jeden Kabelstrang – der dann nur zwei Adernpaare haben muss – getrennt aufbereitet und als eigener S_0-Bus geschaltet. Solche ISDN-Hubs sind allerdings wegen ihrer aufwendigen Technik recht teuer.

Wenn bei Ihnen noch gar keine Kabel liegen, müssen Sie sich darüber natürlich keine Gedanken machen. Planen Sie Ihren S_0-Bus trotzdem sehr sorgfältig. Der Aufwand, komplett neue Kabel zu verlegen, ist mitunter erheblich.

- Am einfachsten ist es, wenn bei Ihnen Leerrohre liegen, die Sie für die Verkabelung verwenden können.
- Optisch nicht so schön ist eine Aufputzmontage des Fernmeldekabels, aber vielleicht können Sie das Kabel im Hohlraum der Teppichleiste verstecken.
- Am besten liegen die Kabel natürlich unter Putz. Das sollten Sie aber nur machen, wenn Sie im Umgang mit der Putzkelle erfahren sind und auch den vielen Dreck und Staub nicht scheuen. Und wenn Sie diese Lösung wählen, dann legen Sie die Kabel nicht direkt in das Mauerwerk, sondern legen ausreichend dimensionierte Leerrohre und ziehen die Fernmeldekabel darin ein.

Wenn Sie Ihre Verkabelung planen, vergessen Sie nicht Ihre analogen Geräte. Oft können Telefone und Faxgeräte nicht dort aufgestellt werden, wo auch die Analoganschlüsse sind. Das gilt vor allem, wenn Sie eine Telefonanlage betreiben wollen. Aber Sie können problemlos Ihren S_0-Bus und analoge Leitungen in ein und demselben Kabel benutzen. Sie müssen nur die richtigen Adernpaare verwenden.

Ob Sie nun alte oder neue Kabel benutzen: Die Installation der ISDN-Dosen ist in jedem Fall gleich. Beginnen Sie am besten bei der letzten Dose, die also vom NTBA am weitesten entfernt ist. (Das ist natürlich nicht zwingend.) Arbeiten Sie sich dann vorwärts, bis Sie schließlich die vier Adern Ihres S_0-Busses am NTBA anschließen können.

Info

ISDN-Dosen gibt es in unterschiedlichen Versionen. Alle haben sie Steckplätze (Buchsen), in die die achtpoligen Western-Stecker passen. Als IAE-Dose (**I**SDN-**A**nschluss-**E**inheit) hat der Buchsenkörper nur vier Kontaktfeder – mehr braucht man für ISDN ja nicht –, und die Klemmen sind im Allgemeinen im Klartext mit a1, b1, a2 und b2 beschriftet. Die UAE-Dosen (für **U**niversal-**A**nschluss-**E**inheit) gibt es mit vier und acht Kontaktfedern, und manchmal finden Sie auch Reduzierstücke im Buchsenkörper, sodass Sie auch sechspolige Western-Stecker (gibt es manchmal in der Analogtechnik) einstecken können. Die Klemmen sind hier mit Ziffern von 1 bis 8 beschriftet. Für ISDN benötigt man wieder nur vier Klemmen, und zwar von 3 bis 6. Es entspricht:

- Klemme 3 der Ader a2
- Klemme 4 der Ader a1
- Klemme 5 der Ader b1
- Klemme 6 der Ader b2

Es ist völlig gleichgültig, welche Dosenart Sie wählen. Man kann auch problemlos IAE- und UAE-Dosen gemischt verwenden. Achten Sie darauf, dass die Lage der Klemmen verschieden sein kann: Bei einer IAE-Dose sind die Klemmen („logisch" richtig) nach Paaren getrennt angeordnet, bei einer UAE-Dose wird das erste Adernpaar an den beiden mittleren Klemmen angeschlossen und das zweite Adernpaar links und rechts daneben. Entscheidend für die Belegung ist also nicht die Anordnung der Aderenden, sondern ausschließlich die Klemmenbeschriftung an der Dose.

Installieren Sie Ihren S_0-Bus sachgerecht:

1 Beginnen Sie an der ISDN-Dose, die die letzte Dose des S_0-Busses sein soll. Entfernen Sie die Ummantelung des S_0-Buskabels, nach Möglichkeit nicht mehr als 10 cm. Wenn Sie Kabel mit mehr als zwei Adernpaaren verwenden, suchen Sie die richtigen Adernpaare heraus. Der Einfachheit halber sollten Sie die ersten beiden Doppeladern verwenden. Das sind entweder die vier roten Adern oder die Pärchen rot/blau (oder rot/schwarz) und weiß/gelb. Verdrillen Sie die Kabel locker, bis auf die letzten 2 cm.

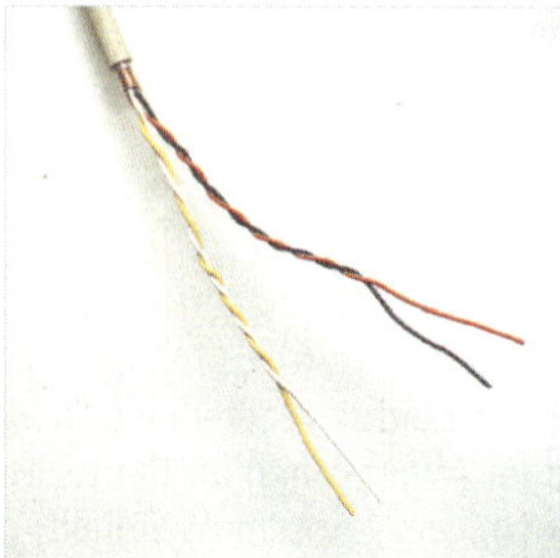

2 Entfernen Sie die Isolation der vier Adern etwa 0,5 cm.

3 Bereiten Sie die zwei Abschlusswiderstände vor: Biegen Sie die Drahtenden so, dass der eine Widerstand in die Klemmen 4 und 5 bzw. a1 und b1 und der andere Widerstand in die Klemmen 3 und 6 bzw. a2 und b2 etwa 0,5 cm eingeführt werden kann. Ziehen Sie anschließend kleine Stückchen Isolierschlauch über die Widerstände, sodass die Anschlussenden frei bleiben.

Info

Für den Abschluss eines S_0-Busses genügen billige Kohleschicht-Widerstände mit 100 Ohm/¼ W/5 % Toleranz. Die sind in jedem Elektronikgeschäft für ein paar Cent erhältlich. Fragen Sie nach Widerständen in dem Geschäft, in dem Sie Ihre ISDN-Dosen erworben haben. Sie können es sich auch einfacher machen: Lassen Sie die Widerstände weg und verwenden Sie in der letzten Dose einen Western-Stekker mit Abschlusswiderständen. Allerdings sind diese Stecker ein Vielfaches teurer als zwei Widerstände, die Sie selbst einbauen.

Im Handel sind auch ISDN-Dosen mit fertig eingebauten Abschlusswiderständen erhältlich. Solche Dosen erleichtern die Montage der letzten S_0-Busdose erheblich. Wenn Sie eine solche Dose einbauen, vergessen Sie einfach die Widerstände.

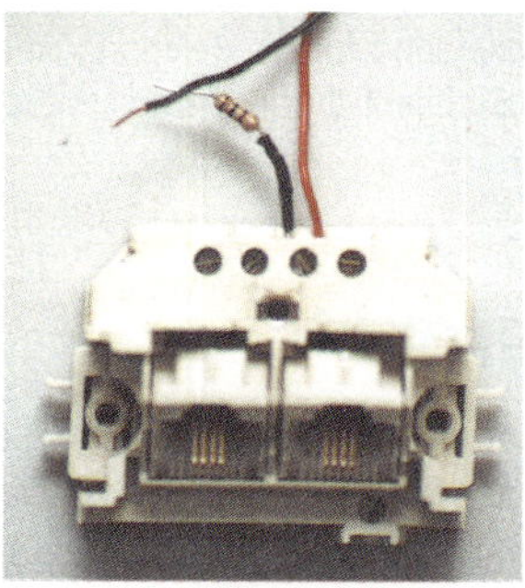

4 Führen Sie die a-Ader des ersten Adernpaars (rot, ohne Kennzeichnung) zusammen mit dem Anschlussende eines Abschlusswiderstands in die Klemme 4 bzw. a1 ein. Schrauben Sie die Klemme vorsichtig fest und überprüfen Sie den sicheren Sitz der beiden Drahtenden.

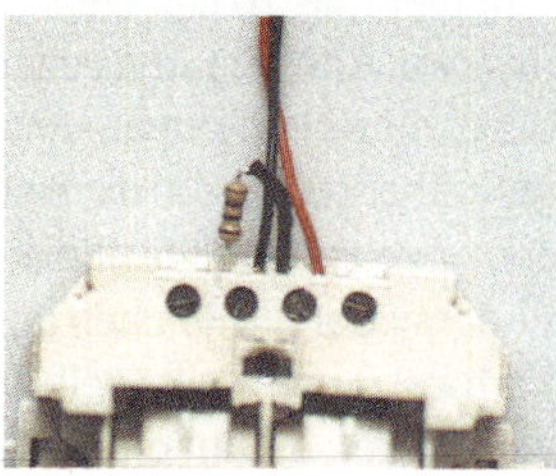

5 Die b-Ader des ersten Adernpaars (blau oder schwarz bzw. rot mit einem Ring) legen Sie zusammen mit dem anderen Drahtende des Widerstands in die Klemme 5 bzw. b1 ein und schrauben sie fest.

6 Die a-Ader des zweiten Adernpaars (weiß bzw. rot mit Doppelring in großem Abstand) wird mit einem Drahtende des zweiten Widerstands in die Klemme 3 bzw. a2 eingeführt und verschraubt.

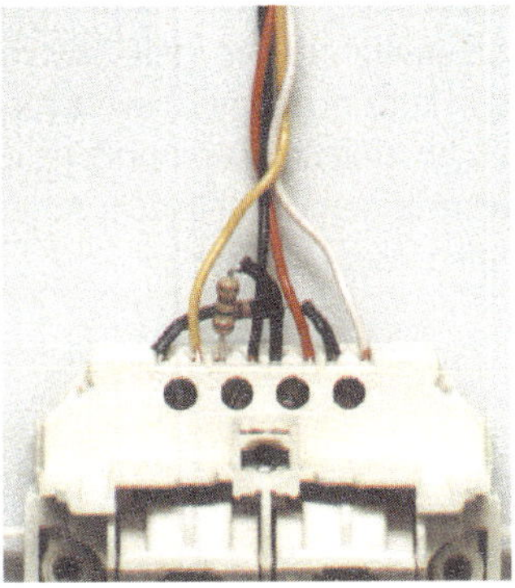

7 Schließlich kommt die b-Ader des zweiten Adernpaars (gelb bzw. rot mit Doppelring in kurzem Abstand) zusammen mit dem zweiten Drahtende des Widerstands in die Klemme 6 bzw. b2. Überprüfen Sie anschließend noch einmal den richtigen Sitz aller vier Adern und der beiden Widerstände und montieren Sie die Dose an oder in die Wand. Freie Adern des S_0-Buskabels bringen Sie isoliert in voller Länge in den Hohlräumen der Dose unter. Sie können sie für weitere (analoge) Leitungen verwenden.

Die erste Dose – die letzte Ihres S_0-Busses – ist damit montiert. Sie können nun weitere ISDN-Dosen auf dem S_0-Bus unterbringen:

1 An den anderen Stellen, an denen Dosen montiert werden sollen, kommen jeweils zwei Kabel an. Eines führt zu der bereits montierten End-Dose, das andere geht in die Richtung, in der der NTBA angeschlossen wird. Bereiten Sie beide Kabelenden in gleicher Weise vor: Entfernen Sie den Kabelmantel wieder maximal 10 cm, verdrillen Sie jeweils die beiden Adernpaare und entfernen Sie von allen acht Adernenden die Isolation etwa 0,5 cm weit.

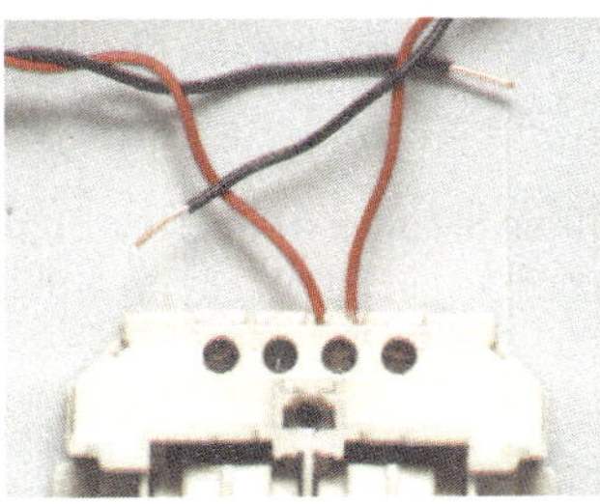

2 Führen Sie die beiden a-Adern der ersten Adernpaare (rot, ohne Kennzeichnung) in die Klemme 4 bzw. a1 ein. Schrauben Sie die Klemme vorsichtig fest und überprüfen Sie den sicheren Sitz der beiden Drahtenden.

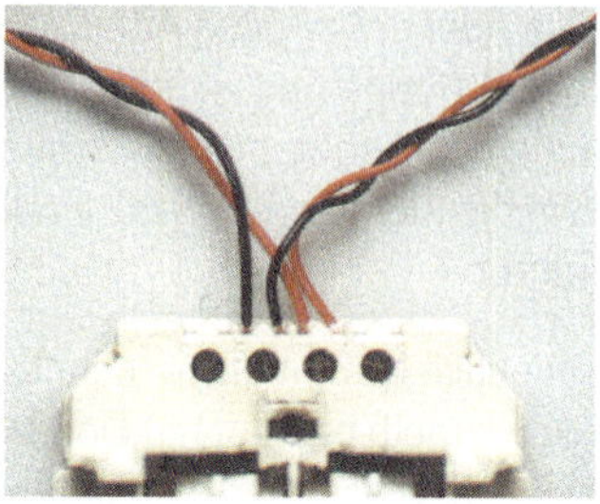

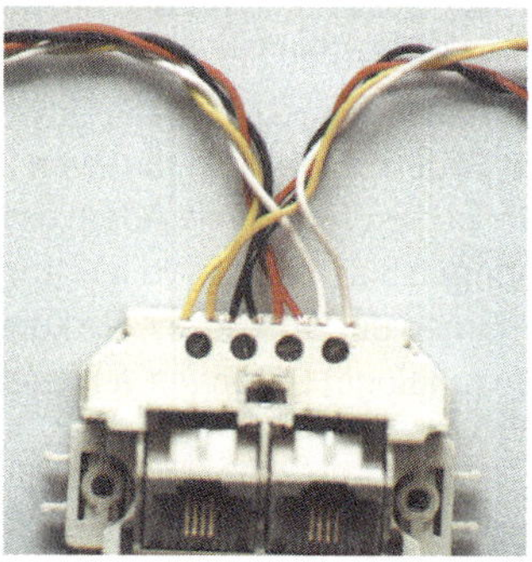

3 Die b-Adern der ersten Adernpaare (blau oder schwarz bzw. rot mit einem Ring) kommen in die Klemme 5 bzw. b1. Die a-Adern der zweiten Adernpaare (weiß bzw. rot mit Doppelring in großem Abstand) werden in der Klemme 3 bzw. a2 verschraubt. Schließlich legen Sie die b-Adern der zweiten Adernpaare (gelb bzw. rot mit Doppelring in kurzem Abstand) in die Klemme 6 bzw. b2. Anschließend überprüfen Sie noch einmal den richtigen Sitz aller acht Adern und montieren die Dose.

Wenn Sie noch mehr ISDN-Dosen auf Ihrem S_0-Bus unterbringen wollen, wiederholen Sie für jede Dose die letzten Schritte. Denken Sie daran, dass Sie höchstens zwölf Dosen auf Ihrem S_0-Bus verteilen dürfen – eine Dose mit zwei Buchsen gilt als „zwei Dosen" – und dass der Bus nicht länger als 120 m sein sollte.

Haben Sie alles richtig gemacht? Dann dürfen Sie jetzt den NTBA an Ihren selbst verlegten S_0-Bus anschließen. Der Einfachheit halber können Sie ein fertig konfektioniertes ISDN-Kabel verwenden, dessen eines Ende Sie in die (erste) ISDN-Dose in der Nähe des NTBA und dessen anderes Ende Sie in einen der beiden Steckplätze an der Unterseite des NTBA einstecken. Auch wenn das die erste Dose Ihres selbst verlegten S_0-Busses ist, müssen Sie dort keine Abschlusswiderstände einbauen. Sobald der NTBA angeschlossen ist, ist er die erste Dose, und die Abschlusswiderstände sind da ja schon vorhanden.

Damit ist Ihr S_0-Bus betriebsfertig. Überprüfen Sie die einwandfreie Funktion Ihres S_0-Busses, indem Sie ein ISDN-Gerät – am besten ein ISDN-Telefon – an jeder Dose anschließen und ausprobieren.

Sie können Ihren S_0-Bus auch direkt an den NTBA anklemmen. Das ist die technisch sauberere Lösung. Auf diese Weise vermeiden Sie den steckbaren Übergang zwischen NTBA und S_0-Bus und verhindern so einfache Manipulationsversuche an Ihrem S_0-Bus. Allerdings sollten Sie sicher sein, dass Sie den S_0-Bus wirklich mit der gebotenen Sorgfalt installiert haben und insbesondere die Abschlusswiderstände richtig montiert wurden.

Den S_0-Bus direkt am NTBA anklemmen

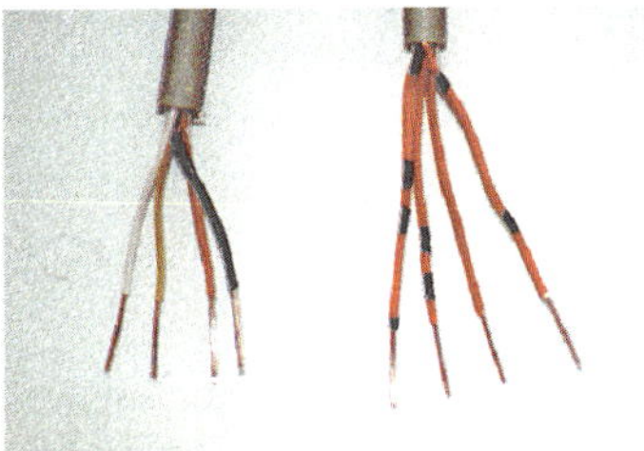

1 Entfernen Sie vom Kabelende des S_0-Busses den Mantel. Diesmal genügen jedoch etwa 3 cm. Die vier Adern isolieren Sie um knapp 1 cm ab.

Info

Es gibt NTBAs von unterschiedlichen Herstellern, die im Gehäuse auch unterschiedliche Klemmen haben. Bei manchen genügt es, die Adernenden auf 5 mm abzuisolieren, bei anderen müssen Sie die Isolation auf 11 mm entfernen. Wenn Sie nach dem Anschluss der Adernenden feststellen, dass mehr als 1 mm blank über der Klemme steht, entfernen Sie die vier Adern wieder aus dem NTBA und kürzen das blanke Ende entsprechend. Ansonsten besteht eine Kurzschlussgefahr. Damit ist zwar nicht Ihr Leib und Leben bedroht, aber die Funktion Ihres ISDN-Anschlusses ist in Frage gestellt. Im schlimmsten Fall kann sogar der NTBA Schaden nehmen.

2 Machen Sie den NTBA unbedingt stromlos. So vermeiden Sie, dass Sie bei der Montage einen elektrischen Schlag bekommen, und verhindern, dass der NTBA oder andere Teile versehentlich beschädigt werden. Entfernen Sie dazu vom NTBA das Kabel mit dem TAE-Stecker. Wenn Sie die 230-Volt-Netzversorgung am NTBA angeschlossen haben, ziehen Sie auch diesen Stecker ab.

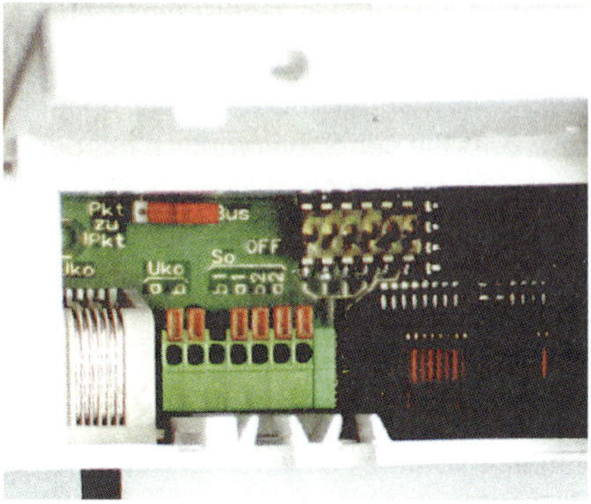

3 Am NTBA befindet sich eine kleine Klappe, die Sie entweder aufschrauben, entriegeln oder einfach vom Gehäuse des NTBA abziehen können. Manchmal sitzt die Klappe ziemlich fest, dann wenden Sie sanfte Gewalt an. Versuchen Sie aber auf keinen Fall, die Klappe mit einem scharfen Gegenstand aufzuhebeln. Unter der Klappe finden Sie die Klemmen, an denen Sie Ihren S_0-Bus anschließen können.

4 Am Gehäuse des NTBA befinden sich bereits kleine Kabelauslässe, die Sie mit einem scharfen Messer „ausklinken“. Dort legen Sie am Schluss das S_0-Buskabel ein. Es wird dann durch Rippen sicher in der Führung gehalten.

5 Die Klemmen für den S_0-Bus im NTBA sind meistens deutlich beschriftet. Falls nicht, ziehen Sie unbedingt einen Fachmann zurate. Führen Sie die Adernenden vorsichtig in die einzelnen Klemmen ein. Bei den meisten NTBAs können Sie die Enden einfach so einstecken, sie werden dann durch einen Sperrriegel automatisch fixiert. Bei anderen NTBAs müssen Sie mit einem kleinen Schraubendreher den Sperrriegel eindrücken, bevor Sie die Adernenden einstecken. Sobald Sie den Schraubendreher wegnehmen, sitzen die Adern fest.

6 Klemmen Sie die Adern einzeln auf:

- Rot, ohne Kennzeichnung an a1.
- Blau oder schwarz bzw. rot mit einem Ring an b1.
- Weiß oder Doppelring mit großem Abstand an a2.
- Gelb oder Doppelring mit kleinem Abstand an b2.

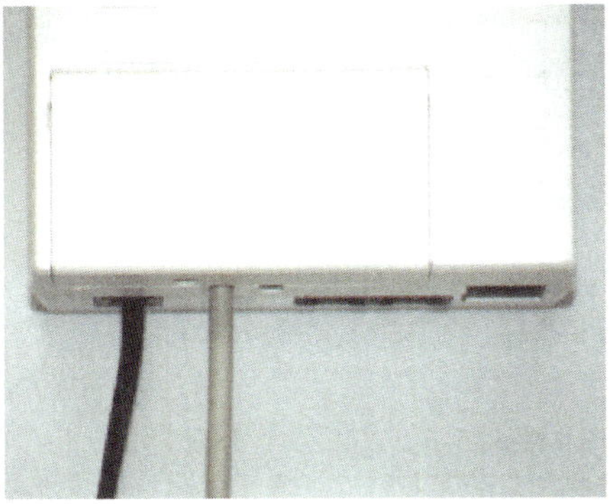

7 Schließen Sie nun Ihren NTBA mit dem TAE-Kabel wieder an die Amtsleitung an, ggf. stecken Sie auch das 230-Volt-Kabel in die Steckdose. Am NTBA müsste nach kurzer Zeit die grüne Lampe aufleuchten, und Ihr S_0-Bus ist damit betriebsfertig. Überprüfen Sie mit einem ISDN-Gerät, ob jede Dose an Ihrem S_0-Bus einwandfrei funktioniert.

In der Abbildung ist der S_0-Bus direkt im NTBA angeschlossen.

Ob Sie den NTBA nun mit einem steckbaren Kabel an Ihren S_0-Bus oder den S_0-Bus fest an den NTBA angeschlossen haben: An jeder Dose Ihres S_0-Busses liegt das absolut gleiche Signal an. Sie dürfen Ihr ISDN-Telefon an jede beliebige ISDN-Dose anschließen, überall können Sie die gleichen Leistungsmerkmale nutzen, ohne etwas am Telefon zu verändern. Es spielt keine Rolle, ob Sie Ihren PC im Dachgeschoß oder im Keller stehen haben, überall nutzen Sie die Datenübertragung mit gleicher Qualität.

S_0-Bus und Sternverkabelung?

Sie wissen ja bereits: Der S_0-Bus muss unbedingt in einer Busstruktur verkabelt werden. Verzweigungen sind nicht erlaubt, er darf also nur zwei Enden haben.

Bei Ihnen liegen schon Telefonkabel, aber leider in Sternverkabelung, mit vielen Enden und an einem zentralen Punkt zusammenlaufend? Und Sie möchten sich die Mühe ersparen, neue Kabel zu verlegen, aber Sie brauchen trotzdem einen S_0-Bus? Mit einem einfachen Kniff können Sie Ihre alten Kabel weiterverwenden.

Der Trick heißt „Pseudo-Sternverkabelung" . Die topologische Struktur der Verkabelung wird beibehalten, aber die Adernpaare werden so geschaltet, dass wirklich der gewünschte Bus zustande kommt. Dazu müssen die verlegten Fernmeldekabel allerdings eine ausreichende Anzahl von Adernpaaren haben.

Für einen S_0-Bus sind, wie Sie wissen, zwei Doppeladern erforderlich, die von Dose zu Dose laufen. Bei einer Pseudo-Sternverkabelung benötigen Sie zu jeder Dose vier Doppeladern: zwei, die zur Dose hinführen, und zwei, die wieder zurückkommen. Nur zur letzten Dose (die mit den Abschlusswiderständen) genügen nach wie vor zwei Adernpaare. Am Zentralpunkt werden die richtigen Adernpaare so verbunden, dass sich die gewünschte Busstruktur ergibt.

Wenn Sie einen Pseudo-Sternbus installieren, denken Sie daran, dass der S_0-Bus in jedem Strang einen Hinweg und einen Rückweg hat. Aus einem Kabelstrang von 15 m werden also 30 m S_0-Bus. Die effektiv mögliche Länge halbiert sich also, und in einem normalen Privathaus kommen 60 Einfach-Meter für die Kabelstränge – also effektiv 120 m S_0-Bus, die maximal mögliche Länge – schnell zusammen.

Die eigentliche Installation des Pseudo-Sternbusses unterscheidet sich nur wenig von der Installation eines „normalen" S_0-Busses.

Installation des Pseudo-Sternbusses

1 Die letzte Dose, also die mit den Widerständen, wird genauso montiert wie bei einem normalen S_0-Bus. Schauen Sie einige Seiten vorher nach.

2 An den anderen Stellen, an denen Dosen montiert werden sollen, kommt nur noch ein Kabel an. Entfernen Sie den Kabelmantel maximal 10 cm, verdrillen Sie die ersten vier Adernpaare (die beiden roten und die beiden grünen oder die Paare rot/blau, weiß/gelb, weiß/grün und weiß/braun) und entfernen Sie von allen acht Adernenden die Isolation etwa 0,5 cm.

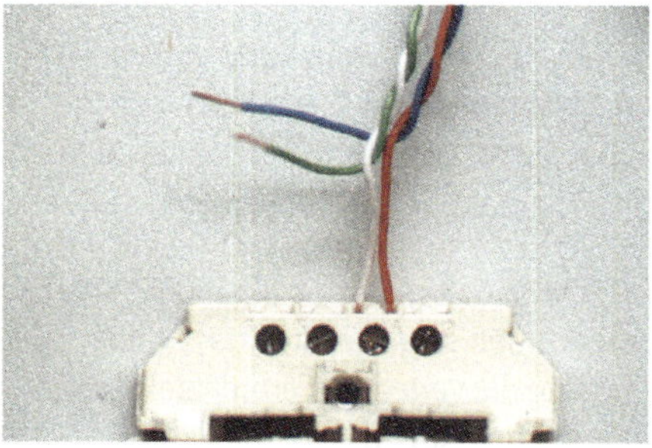

3 Führen Sie die beiden a-Adern der ersten Adernpaare in die Klemme 4 bzw. a1 ein. Schrauben Sie die Klemme vorsichtig fest und überprüfen Sie den sicheren Sitz der beiden Drahtenden.

Es ist im Prinzip gleichgültig, welche Adernpaare Sie für den Hinweg oder für den Rückweg nehmen. Bei der Pseudo-Sternverkabelung haben Sie es leider mit verschiedenen Farben für die „gleichen" Adern zu tun. Damit es übersichtlich bleibt, empfehle ich Ihnen dringend, die folgenden Adern zu verwenden:

Kabel J-Y(St)Y 4x2x0,6		
Dosenklemme	Hinleitung	Rückleitung
3 oder a2	weiß (weiß/gelb)	weiß (weiß/braun)
4 oder a1	rot (rot/blau)	weiß (weiß/grün)
5 oder b1	blau (rot/blau)	grün (weiß/grün)
6 oder b2	gelb (weiß/gelb)	braun (weiß/braun)

(In Klammern ist jeweils das Paar angegeben, aus dem die Ader stammt)

Kabel J-YY 4x2x0,6		
Dosenklemme	Hinleitung	Rückleitung
3 oder a2	rot mit Doppelring großer Abstand	grün mit Doppelring großer Abstand
4 oder a1	rot ohne Ring	grün ohne Ring
5 oder b1	rot mit einem Ring	grün mit einem Ring
6 oder b2	rot mit Doppelring kleiner Abstand	grün mit Doppelring kleiner Abstand

4 Die b-Adern der ersten Adernpaare kommen in die Klemme 5 bzw. b1. Die a-Adern der zweiten Adernpaare werden in der Klemme 3 bzw. a2 verschraubt. Schließlich legen Sie die b-Adern der zweiten Adernpaare in die Klemme 6 bzw. b2. Halten Sie sich möglichst streng an die vorstehende Tabelle. Überprüfen Sie anschließend noch einmal den richtigen Sitz aller vier Adern und der beiden Widerstände und montieren Sie die Dose.

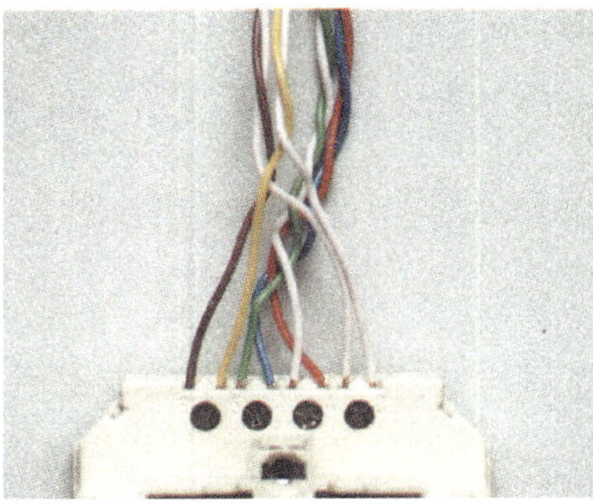

Die übrigen Dosen werden genauso an die einzelnen Kabelstränge angeschlossen. Denken Sie daran, dass Sie höchstens zwölf Dosen auf Ihrem S_0-Bus verteilen dürfen und alle Kabelstränge zusammen nur noch 60 m lang sein dürfen. Damit ist Ihr S_0-Bus leider noch nicht fertig. Jetzt müssen Sie noch die anderen Enden der einzelnen Leitungsstränge miteinander verbinden.

Die Enden der Leitungsstränge sollten gemeinsam in einem speziellen Gehäuse untergebracht werden. Optimal ist ein kleiner Fernmeldeverteiler, der im Inneren eine Schraubklemmenleiste oder eine LSA-plus-Kontaktleiste eingebaut hat. Wenn Sie nur zwei oder drei Kabelstränge zu verbinden haben, genügt auch ein Leergehäuse. Ein guter Telekommunikations-Fachhändler sollte das vorrätig haben oder zumindest beschaffen können. Auch ein Elektroinstallationsbetrieb kann Ihnen so etwas liefern.

Info

Schäden vermeiden

Führen Sie die folgenden Arbeiten mit der größtmöglichen Sorgfalt durch. Prüfen Sie lieber dreimal als zweimal nach, ob Sie auch die richtigen Adern miteinander verbinden. Wenn Sie auch nur zwei Adern vertauschen, ist der einwandfreie Betrieb Ihres S_0-Busses nicht gewährleistet. Im schlimmsten Fall können sogar Schäden am NTBA oder an den Abschlusswiderständen in der letzten Dose auftreten.

1 Orientieren Sie sich, welcher Strang von welcher Dose kommt, und markieren Sie die Kabelenden entsprechend („Wohnzimmer", „Arbeitszimmer" oder ähnlich). Ein wasserfester Folienschreiber ist dafür gut geeignet.

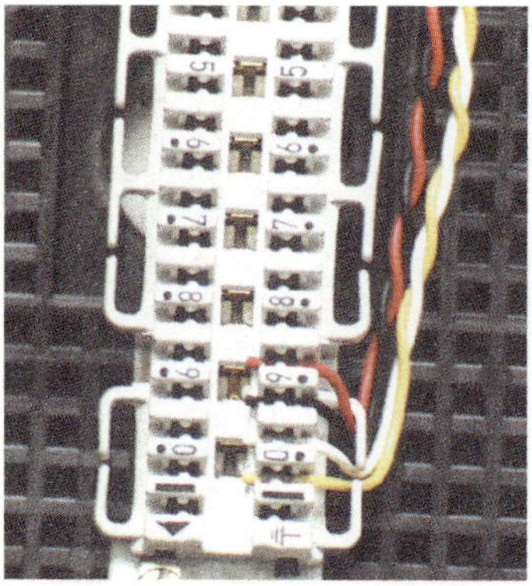

2 Führen Sie alle Kabelenden in das vorgesehene Gehäuse ein und kürzen Sie die Stränge gleichmäßig. Bitte nicht zu knapp: Sie sollten noch gut 15 cm über das Gehäuse hinausragen.

3 Entfernen Sie von jedem Strang den Mantel. Achten Sie darauf, dass noch ein Stück von jedem Mantel im Gehäuse bleibt und dass Ihre Markierungen noch lesbar sind. Befestigen Sie die Kabelenden im Gehäuse. Wenn dort keine Klammern vorhanden sind, verwenden Sie dazu handelsübliche Kabelbinder.

4 Suchen Sie den Kabelstrang, der zur letzten Dose führt, und verdrillen Sie die beiden Adernpaare.
Wenn Ihr Gehäuse eine LSA-plus-Leiste hat, „schießen" Sie die beiden Adernpaare mit Isolation auf vier der Klemmrippen. (Wie das geht, ist bei der Telekom-Dose genau beschrieben.) Wenn Sie Schraubklemmenleisten haben, entfernen Sie von allen vier Adern etwa 0,5 cm weit die Isolation, führen dann die blanken Enden in vier der Klemmen ein und schrauben sie fest.
Wenn Sie nur ein Leergehäuse haben, entfernen Sie die Isolation der Adernenden auf etwa 2 cm.

5 Vom nächsten Kabelstrang verdrillen Sie wiederum die vier Adernpaare. Die beiden „Rückleitungspaare" (siehe Tabelle!) verbinden Sie jetzt „eins zu eins" mit den schon bearbeiteten Adernenden des letzten Strangs: a1 an a1, b1 an b1, a2 an a2 und b2 an b2. Bei einer LSA-plus-Leiste legen Sie die vier Adernenden isoliert in die entsprechenden Klemmrippen auf der anderen Seite der Leiste und drücken sie ein.
Falls Sie Schraubklemmenleisten haben, entfernen Sie die Isolation 0,5 cm, führen die blanken Enden „eins zu eins" in die entsprechenden Klemmen auf der anderen Seite der Leiste ein und schrauben sie fest. Wenn Sie keine Klemmenleiste haben, entfernen Sie die Isolation der Aderenden etwa 2 cm weit und verdrillen die Adernenden „eins zu eins" mit den vier blanken Enden des anderen Strangs.
Anschließend umwickeln Sie die vier blanken „Drillinge" einzeln mit etwas Isolierband oder stülpen Isolierschlauch (noch besser: Wärmeschrumpfschlauch) darüber.

Info

Aderenden-Verdrillen war früher auch bei den professionellen Fernmeldetechnikern üblich. Achten Sie nur darauf, die Adern möglichst eng miteinander zu verdrillen. Waschen Sie sich vorher die Hände und trocknen Sie sie gut ab: Im Handschweiß befinden sich korrosive Stoffe, die dem blanken Kupfer auf Dauer zusetzen und nach einigen Jahren Störungen auf dem Bus verursachen können. (Solche Fehler zu finden, ist eine quälende Arbeit!!)

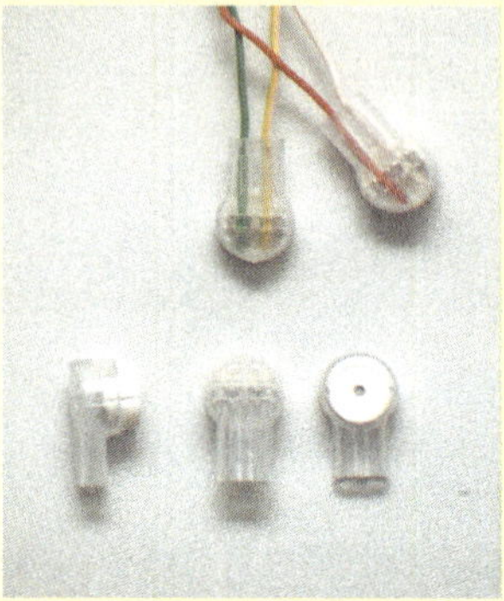

Auch wenn das Verdrillen der blanken Kupferenden keine Pfusch-Arbeit ist, sollten Sie lieber spezielle Kabelverbinder verwenden, zum Beispiel von Wago (Wago-Klemme für Schwachstrom!) oder von 3M (Scotchlok). Besonders die Scotchlok-Quetschverbinder sind einfach zu handhaben: Aderenden isoliert bis zum Anschlag in den Verbinder einführen und mit einer Flachzange zusammendrücken – fertig.

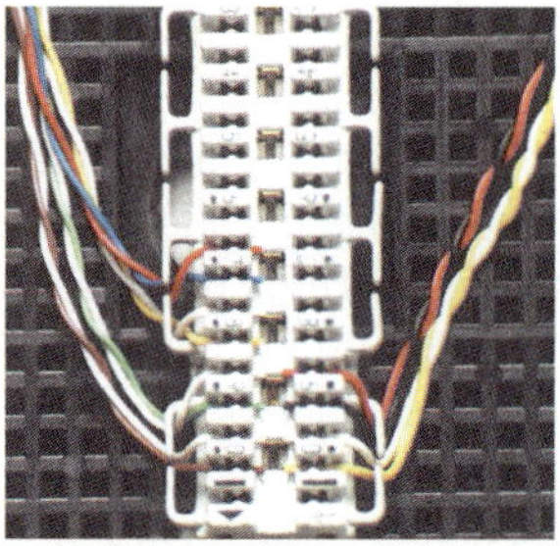

6 Die beiden noch offenen „Hinleitungspaare" des Strangs verbinden Sie jetzt wie beschrieben mit den „Rückleitungspaaren" des nächsten Strangs. Wiederholen Sie das mit den übrigen Kabelsträngen.

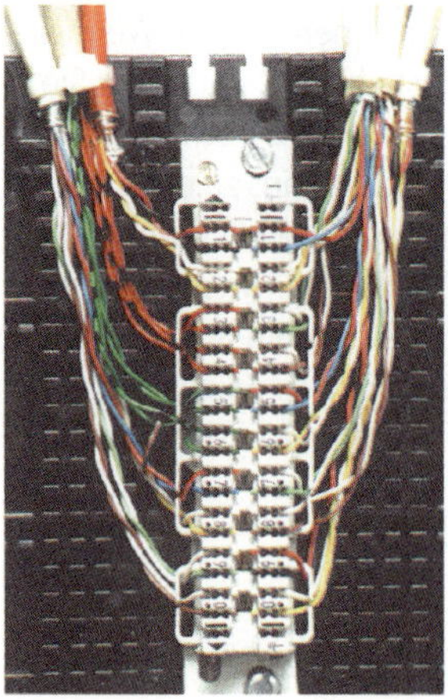

7 Zum Schluss sind noch zwei „Hinleitungsspaare" übrig. Diese schließen Sie – wie bereits gezeigt – an den (stromlosen!) NTBA an. Wahrscheinlich werden die beiden offenen Adernpaare für den direkten Anschluss an den NTBA jetzt zu kurz sein. Sie können sie aber – wie hier beschrieben – mit einem zweipaarigen Fernmeldekabel verlängern und damit an den NTBA anschließen.

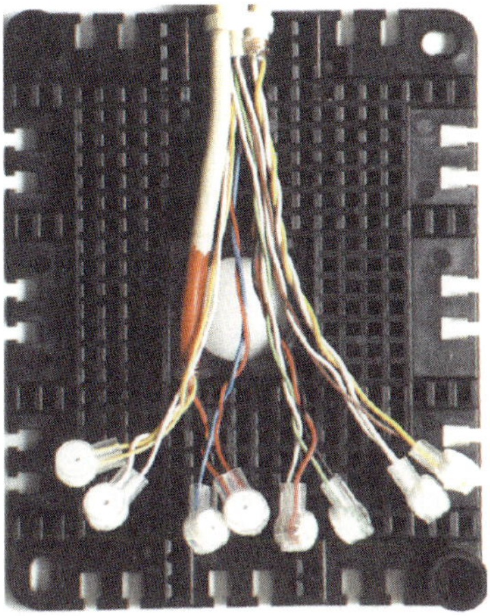

In der Abbildung sehen Sie einen komplett bestückten „Pseudo-Sternverteiler". Von hier aus werden fünf Stränge im Haus verteilt, an deren Enden je eine ISDN-Anschlussdose sitzt. Sie können auch unterschiedliche Fernmeldekabel-Typen verwenden: Hier wurden sowohl die Typen J-Y(St)Y als auch J-YY verwendet. Das rot markierte Kabel oben links führt zum NTBA.

Wenn nur zwei oder drei Stränge als Pseudo-Sternbus auszuführen sind, ist eine Klemmenleiste nicht erforderlich. Sie können die Adern auch direkt miteinander verbinden, am besten mit den hier gezeigten Scotchlok-Quetschverbindern.

8 Bevor Sie jetzt den NTBA in Betrieb nehmen, prüfen Sie nochmals peinlich genau, ob die einzelnen Adern wirklich richtig miteinander verbunden sind.

Überprüfen Sie mit einem ISDN-Gerät, ob auch jede Dose einwandfrei funktioniert. Ihr Pseudo-Stern-S_0-Bus ist jetzt fertig und betriebsbereit.

Telefonieren bei Stromausfall?

An Ihrem ISDN-Anschluss können Sie bis zu acht ISDN-Geräte betreiben. Vier davon dürfen passive Geräte sein, müssen also keine eigene Stromversorgung haben. Diese Geräte werden vom Netzteil versorgt, das im NTBA eingebaut ist. Das setzt natürlich voraus, dass Sie den NTBA auch an die 230-Volt-Netzspannung angeschlossen haben.

Was ist, wenn einmal der Strom ausfällt? Dann können Sie Ihre ISDN-Geräte nicht mehr benutzen – ihnen fehlt ja die Stromversorgung.

Zum Glück gibt es für diesen Fall einen Notnagel. Die Spannung von der Vermittlungsstelle, die normalerweise nur die Elektronik im NTBA versorgt, reicht nämlich noch aus, um den S_0-Bus wenigstens zu einem kleinen Teil zu versorgen. Wenn die Netzspannung weg ist, schaltet der NTBA seine S_0-Schnittstelle automatisch von Normalbetrieb auf Notbetrieb um.

Ihre ISDN-Geräte mit eigenem Netzanschluss funktionieren bei Stromausfall sowieso nicht. Und von den passiven Geräten, insbesondere ISDN-Telefonen, die an Ihrem S_0-Bus angeschlossen sind, können Sie genau noch eines benutzen. Dieses Telefon muss aber notbetriebsfähig sein und für den Notbetrieb muss es ausdrücklich berechtigt sein. Normalerweise wird die Notbetriebsberechtigung mit einem kleinen Schalter an der Unter- oder Rückseite des Telefons oder unter einer Abdeckung eingestellt.

Info

Vorsicht ! Immer nur ein Telefon für Notbetrieb einrichten

Achten Sie darauf, dass wirklich nur eines Ihrer ISDN-Telefone auf Notbetriebsberechtigung eingestellt ist. Die Speiseleistung der Vermittlungsstelle reicht nicht für mehrere Nottelefone aus. Wenn Sie versehentlich mehrere Telefone an Ihrem Anschluss auf Notbetriebsberechtigung einstellen, wird keines Ihrer Telefone funktionieren. Unter Umständen beschädigen Sie sogar die Elektronik des NTBAs.

Ein ISDN-Telefon, das im Notbetrieb von der Vermittlungsstelle gespeist wird, muss sich mit etwa der halben Versorgungsleistung begnügen, die es für den Normalbetrieb benötigt. Meistens können Sie deshalb im Notbetrieb bestimmte Komfort-Merkmale des Telefons nicht benutzen. Dazu gehören vor allem die leistungshungrige Freisprech- oder Lauthöreinrichtung, der eingebaute Anrufbeantworter (soweit vorhanden) und vereinzelt auch Standardfunktionen, wie z. B. den Kurzwahlspeicher oder Ähnliches. Sie können aber mit einem ISDN-Telefon, das notbetriebsberechtigt ist, auch bei Stromausfall immer telefonieren. Es spielt dabei keine Rolle, ob Sie angerufen werden oder anrufen wollen.

Keine Lust, Kabel zu verlegen?

Klar ist es aufwendig, an jeder gewünschten Stelle Anschlussmöglichkeiten für ISDN-Geräte vorzusehen. Dazu sollten Sie schon technisch einigermaßen versiert sein und – je nach Umfang Ihrer Installation – über ein reichliches Wochenende Zeit zur Verfügung haben. Geht es nicht auch ohne Draht!?

Einige Hersteller haben sich damit auseinander gesetzt und schnurlose ISDN-Geräte auf den Markt gebracht: ISDN ist auch über Funk möglich. Ähnlich wie bei handelsüblichen Schnurlostelefonen gibt es eine Basisstation, in die spezielle Endgeräte „eingebucht" werden. Im einfachsten Fall sind das wieder Telefonmobilteile, die dann sogar viele ISDN-Leistungsmerkmale direkt nutzen können.

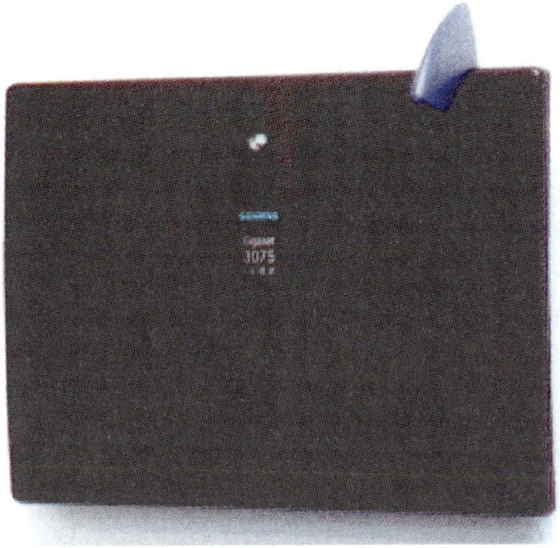

Die Siemens gigaset 3075isdn ist z. B. eine ISDN-Telefonanlage für bis zu sechs DECT-Mobilteile. Darüber hinaus können noch zwei analoge Geräte direkt angeschlossen werden. Der besondere Clou dieser Anlage ist der USB-Anschluss für einen PC: Damit schaffen Sie Ihrem Computer ohne weitere Hardware den Zugang zum ISDN.

Der Datenzugang für Computer erfolgt entweder über spezielle Funkadapter, die an die serielle Schnittstelle oder eine USB-Schnittstelle angeschlossen werden, oder über eine Steckkarte, die in den PC eingebaut wird. Für Laptops sind auch PCMCIA-Karten erhältlich, die die gleiche Funktionalität haben.

Analoge Telefonendgeräte müssen direkt an die Funk-Basisstation angeschlossen werden. Sie arbeiten also nicht drahtlos. Aber nicht an jede Basisstation können Sie analoge Geräte anschließen. Wenn Sie eine Schnurlosanlage planen und analoge Geräte (Denken Sie an Ihr Faxgerät!) betreiben wollen, achten Sie darauf, dass analoge Anschlüsse an der Basisstation vorhanden sind.

Es gibt Möglichkeiten, schnurgebundene Geräte ohne Verkabelung anzuschließen: Eine spezielle Funk-TAE-Dose wurde bis vor kurzem von Siemens angeboten, die - wie jedes andere Mobilteil - an der Basisstation eingebucht werden konnte. Damit konnte jedes analoge Endgerät an die Basisstation „angeschlossen" werden - ohne einen Fitzel Draht dazwischen. Leider hat Siemens die Funk-TAE-Dose kürzlich aus dem Programm genommen. Wenn Sie dennoch ein analoges Gerät mit einer Schnurlosanlage betreiben wollen, lohnt es sich vielleicht, sich ein wenig umzuschauen: Vereinzelt dürften noch Restbestände dieser Funk-TAE-Dose im Handel erhältlich sein.

Auch für schnurgebundene ISDN-Geräte gibt es seit neustem eine Funklösung: Der Hersteller DeTeWe bietet für seine Anlagen eine „Universal-Mobilanschlussdose" an. Neben der ISDN-konformen S_0-Schnittstelle hat sie zwei analoge Anschlüsse (mit TAE-Buchsen) und eine serielle Schnittstelle für die Datenübertragung per Computer. Leider ist dieses Gerät mit rund € 275,00 relativ teuer, zumal auch noch die herstellereigene Basisstation erforderlich ist.

So verlockend die Möglichkeit auch ist, ISDN fast ganz ohne Kabel zur Verfügung zu haben, so hat sie leider auch einige Schattenseiten. Die Funk-Anlagen arbeiten im DECT-Standard. Das ist der gleiche Frequenz- und Leistungsbereich, der auch bei üblichen Schnurlostelefonen benutzt wird. Und wie auch bei den Schnurlostelefonen sind bei ISDN-Funk-Anlagen nur Reichweiten von bis zu 50 m in geschlossenen Gebäuden zu erzielen. Je nach Beschaffenheit der Gebäude kann es sogar deutlich weniger sein. Mit viel Stahlbeton im Haus und einer im Keller montierten Basisstation kann die Grenze schon nach 20 m erreicht sein. Insbesondere bei Datenaustausch wird es zu störenden Verbindungsabbrüchen kommen, wenn das „Mobilteil" sich an der Grenze dieser Reichweite befindet.

Außerdem sind ISDN-Schnurlosanlagen vergleichsweise teuer. Ein sauber installierter S_0-Bus kostet nur einen Bruchteil einer Schnurlosanlage – die Arbeit nicht mitgerechnet. Mit Ausnahme der DeTeWe-Anlage sind sie zudem „Insellösungen": Normale schnurgebundene ISDN-Geräte können Sie daran gar nicht betreiben, wenn sie sich nicht gerade in der Nähe des NTBA befinden. Sie sind stets auf spezielle „mobile" Geräte angewiesen.

Wohin mit dem alten Telefon? Analoge Geräte am ISDN

Sie wissen ja schon: Ihre analogen Geräte können Sie nicht ohne weiteres an Ihrem ISDN-Anschluss betreiben. Die ISDN-Dosen stellen nur noch digitale Signale bereit, mit denen Ihre gewohnten Telefone, Ihr Anrufbeantworter, Ihr Faxgerät oder Ihr Modem nichts anfangen können.

Es wäre schade, wenn Sie alle alten Geräte ausmustern würden, nur weil Sie jetzt ISDN haben. Das ist aber auch nicht nötig, denn es gibt ISDN-Geräte, mit denen Sie Ihren Analoggeräten Zugang zum ISDN verschaffen. Sie wandeln die digitalen ISDN-Signale in analoge „Sprechfrequenzen" (und umgekehrt) um und stellen das gewandelte Signal an analogen Anschlüssen bereit, die sich elektrisch wie ein normaler Telefonanschluss verhalten. Die Analogports oder a/b-Ports, wie diese Anschlüsse auch genannt werden, gibt es in Form von Klemmenanschlüssen, an die Sie TAE-Dosen für die Endgeräte anschließen müssen. Bei kleineren Geräten stehen Ihnen stattdessen oft ein bis vier TAE-Buchsen direkt im Gehäuse des Geräts zur Verfügung. Sie können dann Ihre Endgeräte direkt an das ISDN-Gerät anschließen.

Aus Ihrem Analogtelefon wird so natürlich keine ISDN-Maschine, und das Faxgerät benötigt immer noch eine ganze Minute, um eine Seite zu übertragen. Ihr Modem moduliert die Computerdaten weiterhin in Töne und schickt sie „geräuschvoll" ins Netz. Wenn Sie ein V.90-Modem mit 56.000 Bit/s besitzen, gibt es sogar einen Rückschritt: Die meisten Analogports an ISDN-Geräten schaffen es nicht, diese Datenübertragungsrate ins ISDN umzusetzen. Sie begrenzen auf 33.600 Bit/s oder noch langsamere Übertragungsraten, und das Modem stellt sich zwangsweise darauf ein. (Ich nehme aber an, dass Sie zumindest das Modem über kurz oder lang ausmustern werden und sich für Ihren PC eine echte ISDN-Lösung gönnen – siehe Kapitel 4.)

Wie analoge Geräte im ISDN verwendet werden können

Für Ihre analoge Geräte benötigen Sie analoge Anschlussmöglichkeiten. Je nachdem, wie viele analoge Geräte Sie betreiben wollen, haben Sie die Auswahl aus folgenden Möglichkeiten:

- Ein ISDN-a/b-Wandler stellt Ihnen meistens zwei analoge Anschlüsse bereit. Oft sind die TAE-Steckplätze in dem etwa zigarrenkistengroßen Gerät eingebaut, sodass Sie Ihre Geräte sofort anschließen können und keinen weiteren Montageaufwand haben. Da Sie zwei getrennte Anschlüsse haben, können Sie unterschiedliche Rufnummern einrichten, zum Beispiel eine Nummer für eine separate „Faxleitung". Beide Analogports lassen sich gleichzeitig benutzen, Sie haben so ISDN-typisch zwei Verbindungen gleichzeitig. Die a/b-Wandler haben meist nur wenige Leistungsmerkmale und sind zum Teil sehr umständlich zu konfigurieren. Dafür sind sie ab ca. € 50,00 recht preiswert. Für etwas umfangreicher ausgestattete Geräte bezahlen Sie dafür bis zu etwa € 100,00.

Der wohl meistverkaufte ISDN-a/b-Adapter in Deutschland: TA2 a/b von der Deutschen Telekom. Die linke Buchse wird mit dem NTBA verbunden. Rechts sind drei TAE-Steckplätze für analoge Geräte: Der linke ist universell kodiert, daran kann sowohl ein Telefonendgerät als auch ein Nichttelefongerät (Faxgerät o. Ä.) angeschlossen werden. Der mittlere und rechte TAE-Steckplatz teilen sich den zweiten Port. Hier wird z. B. ein Telefon und ein separater Anrufbeantworter angeschlossen.

Wenn Sie bereits eine analoge Telefonanlage besitzen, an der Sie viele analoge Geräte angeschlossen haben, können Sie einen der beiden Ports dazu verwenden, das „Amt" für die Anlage nachzubilden. Damit verschenken Sie allerdings etliche ISDN-Eigenschaften. Sie können nur eine Verbindung nach draußen aufbauen, und ISDN-Leistungsmerkmale können gar nicht genutzt werden, weil die Telefonanlage die notwendigen Steuercodes meistens nicht bis ans „Amt", also an den a/b-Wandler, durchreichen kann.

- Eine ISDN-Telefonanlage stellt je nach Größe zwischen vier und acht analoge Ports zur Verfügung, bei größeren Anlagen auch 16 und noch mehr. ISDN-Telefonanlagen sind zwar deutlich teurer in der Anschaffung, dafür sind sie meistens erheblich besser ausgestattet. Der Übergang zwischen ISDN-a/b-Wandlern und ISDN-Telefonanlagen ist fließend. Manche a/b-Wandler stehen in ihren Möglichkeiten einer ausgewachsenen Telefonanlage kaum nach. Je nach Anlage lassen sich viele ISDN-Leistungsmerkmale mit normalen analogen Telefonen nutzen, wenngleich zum Teil deutlich umständlicher: Bei ISDN-Telefonen werden Ihnen die Leistungsmerkmale direkt auf eigenen Tasten, in speziellen Menüs oder – je nach Situation der Verbindung – auch über Softkeys angeboten. Bei analogen Telefonen an einer ISDN-Anlage müssen Sie „aus der Situation" heraus entscheiden, welche Funktion Sie gerade brauchen, und über einen – meist wenig einprägsamen – Tastencode auslösen.

An die ISDN-Telefonanlage Agfeo AS191 plus lassen sich neben acht analogen Endgeräten auch noch ISDN-Geräte anschließen, die von der Anlage verwaltet werden.

- Kombinationsgeräte sind meistens ISDN-a/b-Wandler, die um eine ISDN-Modemfunktionalität erweitert sind. Neben Ihren analogen Telefonen können Sie also auch Ihren PC über USB oder über die serielle Schnittstelle anschließen. Ohne weitere Hardware findet Ihr Computer also Anschluss ans ISDN.

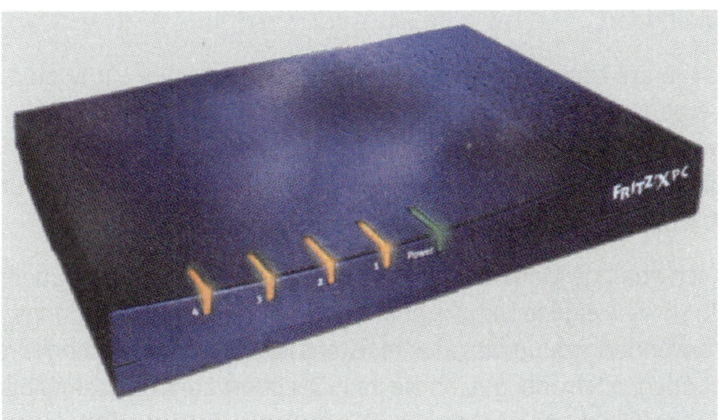

Die AVM Fritz!X PC (auch als USB-Version erhältlich) bietet vier analogen Endgeräten und einem PC ohne weitere Hardware Zugang zum ISDN.

- Einige ISDN-Telefone haben Anschlussmöglichkeiten für ein oder zwei analoge Geräte direkt mit „an Bord". Wenn Sie konsequent auf ISDN-Geräte umsteigen wollen, aber auf Ihr Faxgerät nicht verzichten können, ist das eine interessante Alternative zu einem zusätzlichen a/b-Wandler. Allerdings sind ISDN-Telefone mit analogen Anschlüssen eher exotisch, es gibt nur wenige Hersteller, von denen sie gebaut werden.

  Ähnlich selten und exotisch sind auch ISDN-Karten mit a/b-Port. Es gab auch mal ein (Pseudo-) ISDN-Faxgerät, an dem ein analoges Telefon zusätzlich angeschlossen werden konnte.

Analogadapter oder Telefonanlage?

Die Entscheidung, ob Sie einen Analogadapter oder eine ausgewachsene ISDN-Telefonanlage brauchen, hängt davon ab, wie viele und welche analoge Geräte Sie ans ISDN anschließen wollen.

- Für jedes Telefon planen Sie einen eigenen Analogport ein. So hat jedes Telefon seine eigene „Leitung" und kann unabhängig von den anderen benutzt werden.
- Anrufbeantworter werden meist vor ein Telefon geschaltet. Auch bei ISDN kann sich der Anrufbeantworter mit einem Telefon eine Leitung teilen. Wenn mehrere „Teilnehmer" an der Anlage gleichzeitig von einem Anrufbeantworter überwacht werden sollen oder wenn Sie eingehende Anrufe auf den Anrufbeantworter leiten wollen, während Sie telefonieren, braucht er einen eigenen Analogport.
- Faxgeräte können ebenso wie Anrufbeantworter vor ein Telefon angeschlossen werden und sich mit diesem einen Analogport teilen. Im ISDN ist es sinnvoller, Faxgeräten eine eigene Leitung zu spendieren: Sie können der „Faxleitung" eine eigene Nummer zuteilen und das Gerät ist ständig sende- und empfangsbereit - auch während Sie gerade telefonieren.
- Auch analoge Modems funktionieren natürlich - mit Analogports - am ISDN. Ob sie eine eigene Leitung benötigen, hängt vom Verwendungszweck und der Verwendungsdauer ab, aber meistens ist ein eigener Analogport sinnvoller. Überlegen Sie aber gut, ob Sie im ISDN überhaupt noch ein Modem verwenden wollen: Die digitalen Daten im PC werden in analoge Signale moduliert und bereits hinter dem Analogport wieder digitalisiert. Diese Mehrfachwandlung wird

bei einem direkten PC-ISDN-Zugang, zum Beispiel mit einer ISDN-Karte, vermieden. Mal ganz abgesehen von der niedrigeren Datenübertragungsrate, die ein Modem bereitstellt.

Sie werden jetzt leicht entscheiden können, wie viele analoge Anschlüsse Sie für Ihre Geräte benötigen. Wenn Sie mit einem oder mit zwei Analogports auskommen, genügt oft ein einfacher a/b-Wandler ab etwa € 50,00.

Für drei oder mehr analoge Geräte ist eine ISDN-Anlage erforderlich. Mit vier a/b-Ports gibt es sie je nach Ausstattung von etwa € 150,00 bis € 350,00. Überlegen Sie, ob sich nicht auch eine Anlage mit eingebauter ISDN-„Karte" lohnt. Anlagen mit USB-Adapter sind nur etwa € 25,00 bis € 50,00 teurer als ihre „modemlosen" Schwestern. Bei fünf und mehr einzelnen analogen Ports müssen Sie schon € 250,00, bei acht Ports mindestens € 350,00 in eine brauchbare ISDN-Telefonanlage investieren ...

Analogadapter einstecken und loslegen!

Die meisten ISDN-Analogadapter sind gemäß dem Prinzip Plug & Play sofort nach dem Anschluss betriebsbereit:

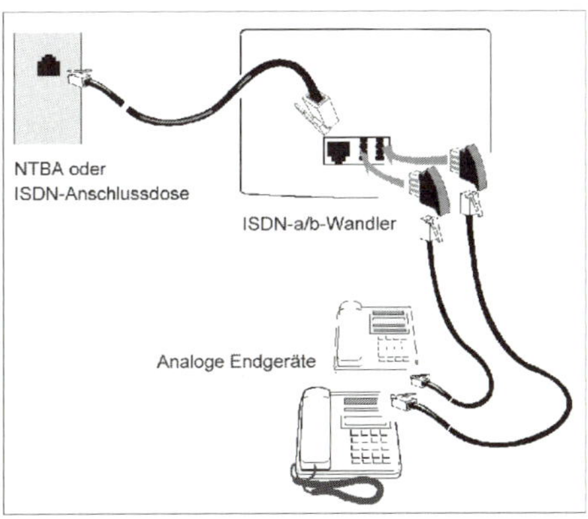

1 Montieren Sie den ISDN-Analogadapter in der Nähe des NTBA oder einer ISDN-Anschlussdose und einer 230-Volt-Steckdose.

2 Schließen Sie Ihre beiden analogen Endgeräte an je eine der TAE-Buchsen im Gehäuse des Analogwandlers an.

3 In die Buchse, die mit *ISDN* beschriftet ist, stecken Sie das mitgelieferte ISDN-Kabel. Verbinden Sie es mit Ihrem NTBA oder einer betriebsfähigen ISDN-Anschlussdose.

4 Stecken Sie das Steckernetzgerät in eine 230-Volt-Steckdose.

5 Sofern Ihre Analoggeräte Telefone sind, heben Sie den Hörer ab und überprüfen, ob ein Wählton vorhanden ist.

Das war's schon. Sie können jetzt drauflostelefonieren. ISDN-Analogwandler sind im Lieferzustand nicht programmiert. Beide angeschlossenen Endgeräte klingeln gleichzeitig bei allen (!) Rufnummern, die an Ihrem ISDN-Anschluss vorhanden sind. Und abgehend verwendet das Ding immer die erste Nummer. Um den Analogwandler wirklich sinnvoll auszunutzen, muss er noch programmiert werden.

Info

Sind ISDN-Analogwandler eigentlich schwierig zu bedienen?

ISDN-Analogwandler sind relativ preiswerte Geräte. Der Aufwand, aus einem ISDN-Signal ein Analogsignal zu machen, ist dennoch ziemlich kompliziert, und die spezielle Elektronik ist leider verhältnismäßig teuer. Wesentlich einfacher ist es dagegen, dem Gerät spezielle Leistungsmerkmale einzuprogrammieren. Manche Analogwandler stehen größeren und wesentlich teureren Telefonanlagen in dieser Hinsicht kaum nach.

Damit Analogwandler nicht unverhältnismäßig teuer werden, hat man versucht, an jeder nur denkbaren Ecke zu sparen. Keiner der auf dem Markt erhältlichen Wandler hat eine PC-Schnittstelle, mit der diese Geräte per PC-Software bequem und übersichtlich programmiert werden könnte. Nicht einmal eine Menüführung ist vorhanden: Jede Funktion muss über eine Tastenfolge einzeln in das Gerät einprogrammiert werden. Im Gegensatz zu den Analogwandlern verzichtet kaum eine Telefonanlage auf die Möglichkeit der Konfiguration über PC-Software.

Sie sollten in Ihrem ISDN-Analogwandler mindestens Ihre Mehrfachrufnummern (MSNs) und die dazugehörige Rufverteilung eingeben, also welches Telefon bei welcher Nummer klingeln soll.

Einstellen des Analogwandlers

1 Leiten Sie den Programmiermodus des Analogwandlers ein. Entweder wählen Sie dazu von einem der angeschlossenen Telefone einen bestimmten Programmiercode oder Sie ziehen einfach den Stecker des ISDN-Anschlusses aus dem Wandler

2 Programmieren Sie jetzt, der Reihenfolge nach, die einzelnen Mehrfachrufnummern ein, die an Ihrem Analogwandler ankommen sollen.

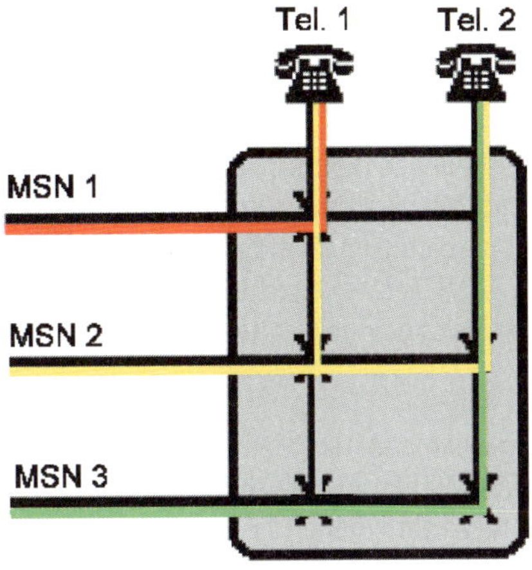

3 Jetzt geben Sie die Rufverteilung ein, also welches Ihrer Telefone bei welcher eingehenden Nummer klingeln soll. Das können auch mehrere Nummern auf einem Telefon sein, zum Beispiel MSN 1 klingelt bei Telefon 1, MSN 2 klingelt bei Telefon 1 und 2, und MSN 3 klingelt bei Telefon 2.
Machen Sie sich vorher eine Tabelle, in der Sie die Rufverteilung eintragen.

4 Anschließend können Sie weitere Leistungsmerkmale programmieren, zum Beispiel die abgehenden Mehrfachrufnummern für die einzelnen MSNs, Amtsberechtigung, Rufnummernübermittlung, Anklopfen, Nachtschaltung und so weiter. Welche Leistungsmerkmale bei Ihrem Analogwandler verfügbar sind, ist in der Bedienungsanleitung ausführlich beschrieben.

Hat es soweit geklappt? Oder hat sich der Analogwandler bei der Programmierung dauernd mit Fehlermeldungen beschwert oder gar nichts gemacht? Daran ist wahrscheinlich das Wahlverfahren Ihres Telefons schuld.

Wahlverfahren!?

Analoge Endgeräte übermitteln beim Wählen bestimmte Zeichen, um der Vermittlungsstelle (oder einer Nebenstellenanlage) den Verbindungswunsch mitzuteilen. Aus der Urzeit der Telefonie ist das **I**mpuls**w**ahl**v**erfahren (IWV) übrig geblieben: Entsprechend den am Telefon gewählten Ziffern werden kurze Impulse – genauer gesagt: Leitungsunterbrechungen – in genau festgelegter Dauer an die Vermittlungsstelle übertragen, die aus diesen Informationen den gewünschten Teilnehmer erkennt und anwählt. Schon die ersten automatischen Vermittlungsstellen am Anfang des 20. Jahrhunderts beherrschten diese Technik, und ein Telefon aus jener Zeit könnte noch heute an einem normalen Telefonanschluss und sogar an manchen ISDN-Anlagen betrieben werden.

Im Zeitalter der Digitalisierung des Telefonnetzes gibt es andere Verfahren in der Vermittlungsstelle, die gewählten Ziffern eines Telefons zu erkennen: Für jede Ziffer gibt es eine genau definierte Kombination aus zwei Tönen, darum heißt dieses Wahlverfahren **M**ehr**f**requenzwahl**v**erfahren (MFV). Die kurzen Tonkombinationen können viel schneller an die Vermittlungsstelle übermittelt werden als die abgezählten Leitungsunterbrechungen des Impulswahlverfahrens. Außerdem sind neben den zehn Ziffern noch weitere sechs Zeichen definiert, von denen an Telefongeräten aber nur das Sternchen [*] und die Raute [#] verwendet werden.

Seit Ende 1997 gibt es in Deutschland ausschließlich digitalisierte Vermittlungsstellen, an deren analogen Anschlüssen beide Wahlverfahren erkannt werden. Viele ISDN-Anlagen und manche a/b-Wandler unterstützen an ihren Analogports ebenfalls beide Wahlverfahren. Einige moderne ISDN-Geräte verzichten allerdings auf die Impulswahlerkennung – an Ihnen lassen sich analoge Geräte nur mit Mehrfrequenzwahl betreiben.

Analoge Endgeräte sollten heute nach Möglichkeit auf das Mehrfrequenzwahlverfahren eingestellt sein: Neben der schnelleren Wahl haben auch die Zeichen [*] und [#] eine Bedeutung. In entsprechenden ISDN-Geräten dienen sie zur Steuerung von (ISDN-) Leistungsmerkmalen und anderen Funktionen. Mit einem impulswählenden Telefon können Sie Funktionen nicht nutzen, die mit einem Sternchen oder einer Raute ausgelöst werden.

Die aktuell im Handel erhältlichen analogen Telefone sind durchweg auf das Mehrfrequenzwahlverfahren eingestellt. Fast jedes zwischen 1990 und 1997 gefertigte Telefon war ab Werk auf Impulswahl eingestellt, kann aber auf die schnelle Mehrfrequenzwahl umgestellt werden. Sollte Ihr Telefon aus dieser Zeit sein, schauen Sie in dessen Bedienungsanleitung nach, wie es auf das Mehrfrequenzwahlverfahren umgestellt wird. Ältere Telefone können meist nur Impulswahlverfahren, eine Umstellung ist nicht möglich.

Für den Betrieb an einer ISDN-Telefonanlage – a/b-Wandler jetzt mal mitgerechnet – hat auch die Taste *R* eine Bedeutung. Hauptsächlich wird damit eine **R**ückfrage ausgelöst, daher die Bezeichnung dieser Taste. In manchen Fällen wird damit der Telefonanlage mitgeteilt, dass jetzt keine Rufnummernwahl erfolgt, sondern ein Tastencode zur Auslösung einer Funktion gewählt wird.

Technisch wurde mit der Taste *R* früher eine der beiden Telefonadern mit einer dritten Ader, der Erd-Ader, verbunden. Mit dem Mehrfrequenzverfahren kann heute einfach eine Leitungsunterbrechung in genau definierter Dauer erfolgen, die dritte Ader ist nicht mehr erforderlich. Je nach Anwendung muss dieser so genannte Flash unterschiedlich lang sein. Am analogen Anschluss im normalen Telefonnetz erwartet man für die Taste *R* einen langen Flash von etwa 250 ms Dauer. Diese 250 ms sind für Telefonanlagen und a/b-Wandler schon zu lang, sie werden als Auflegen des Hörers interpretiert. Hier muss der Flash kürzer sein: Es genügen zwischen 80 und 100 ms.

Die *R*-Tasten-Funktion wird meistens zusammen mit dem Wahlverfahren eingestellt. Die richtige Betriebsart für ein analoges Endgerät an einem ISDN-a/b-Wandler oder an einer Telefonanlage ist also

- Mehrfrequenzwahlverfahren
- Flash mit 80 bis 100 ms Dauer

Bei allen anderen Einstellungen können Sie mit Ihren analogen Endgeräten an einer ISDN-Telefonanlage entweder gar nicht wählen oder Sie können bestimmte Anlagenfunktionen nur eingeschränkt nutzen.

Mit einem ISDN-Telefon brauchen Sie sich um das Wahlverfahren übrigens keine Gedanken zu machen. Die Zifferndaten, einschließlich Sonderzeichen, Rückfrage und allen anderen ISDN-Funktionen, werden digital auf dem Steuerkanal übertragen.

ISDN-Leistungsmerkmale auch mit Omas Telefon?

Grundsätzlich können Sie mit einem entsprechenden ISDN-Adapter Ihr altes Telefon am ISDN weiterbenutzen. Zumindest die Grundfunktionen - ankommend und abgehend telefonieren - sind mit jedem Telefon an jedem ISDN-a/b-Wandler gewährleistet. Es sei denn, Ihr Telefon kann nur Impulswahl und der ISDN-a/b-Wandler unterstützt nur Mehrfrequenzwahl.

Die meisten ISDN-a/b-Wandler bereiten ISDN-Leistungsmerkmale so auf, dass sie auch von analogen Endgeräten genutzt werden können. Jedes ISDN-Leistungsmerkmal wird als separate Information auf dem Steuerkanal (D-Kanal) übertragen. Ein analoges Endgerät hat diesen Steuerkanal nicht - der Wunsch für ein bestimmtes Leistungsmerkmal muss über einen Tastencode ausgewählt und über den Nutzkanal gesendet werden. Der ISDN-a/b-Wandler setzt diesen Tastencode in den entsprechenden ISDN-Befehl um und gibt ihn an die Vermittlungsstelle weiter.

Wenn Sie an Ihrem Telefon ganz normale Ziffern wählen, interpretiert das der ISDN-a/b-Wandler als Wunsch, einen anderen Teilnehmer anzurufen, und gibt die gewählte Nummer an die Vermittlungsstelle weiter, die dann die gewünschte Verbindung herstellt.

Mit dem Sonderzeichen Sternchen [*], seltener mit der Raute [#], und nachfolgenden Ziffern signalisieren Sie dem ISDN-a/b-Wandler, dass Sie eine Sonderfunktion einleiten wollen. Bei bestehender Verbindung, also nachdem ein anderer Teilnehmer angewählt wurde, muss vor dieser Tastenfolge meistens noch die Taste *R* gedrückt werden, andernfalls leitet der ISDN-a/b-Wandler die gewählten Ziffern als Mehrfrequenztöne an den anderen Teilnehmer weiter und ignoriert Ihren Versuch, eine Funktion oder ein ISDN-Leistungsmerkmal auszulösen.

Die ISDN-a/b-Wandler der einzelnen Hersteller sind unterschiedlich ausgestattet und bieten entsprechend mehr oder weniger Funktionen. Die einfachsten ISDN-a/b-Wandler (Telekom TA2 a/b, DeTeWe TA22, beide nicht mehr im Handel erhältlich) können nur auf eine MSN für jeden der beiden analogen Ports programmiert werden und bieten als einziges ISDN-Leistungsmerkmal die „fallweise Unterdrükkung der abgehenden Rufnummer". Selbst eine interne Verbindung zwischen den beiden angeschlossenen Geräten ist nicht möglich, und Impulswahltelefone können daran auch nicht betrieben werden.

Die Nachfolgermodelle (Telekom TA2 a/b komfort, DeTeWe TA33) sind wesentlich besser ausgestattet. Sie können intern miteinander telefonieren und weiterverbinden, Anklopfen und Makeln ist genauso vorhanden wie Anrufweiterschaltung, Dreierkonferenz und Rückruf bei Besetzt. Auch der Betrieb von Impulswahltelefonen ist mit diesen Geräten möglich, wenngleich damit die Sonderfunktionen zum Teil nicht verwendet werden können. (Wie die einzelnen Funktionen benutzt werden, ist in deren Bedienungsanleitungen genau beschrieben.)

Info

Weitere Besonderheiten

Die Sonderzeichen [*] und [#] können mit impulswahlfähigen Telefonen an manchen ISDN-a/b-Wandlern und an ISDN-Telefonanlagen durch die Wahl bestimmter Ziffern ersetzt werden. Meist wählen Sie stattdessen 98 und 99. Entsprechend kann die R-Taste durch die Wahl der Ziffer 1 – also eine kurze Leitungsunterbrechung – ersetzt werden.

Auch wenn damit einige Leistungsmerkmale, insbesondere Rückfragen und Vermitteln, mit impulswahlfähigen Telefonen erreicht werden können, ist das nur eine halbgare Lösung. Es ist besser, wenn Sie Ihr Nur-Impulswahltelefon durch ein mehrfrequenzwahlfähiges Telefon ersetzen. Solche Telefone erhalten Sie in brauchbarer Qualität ab etwa € 25,00 im Fachhandel.

Rufnummernanzeige an analogen Telefonen?

Seit Anfang 1998 kommen vermehrt analoge Telefone in den Handel, die in der Lage sind, die Rufnummern von ankommenden Anrufern auf ihrem Display anzuzeigen. Technisch wird das realisiert, indem zwischen den ersten beiden Klingelsignalen die Daten der Rufnummer mit einem modem-ähnlichen Signal an das Telefon übermittelt werden. Fast jedes aktuell erhältliche Schnurlostelefon ist in der Lage, dieses CLIP-Signal zu verarbeiten und die Rufnummer vor Gesprächsannahme anzuzeigen. Merkwürdigerweise gibt es dieses Leistungsmerkmal nur an wenigen schnurgebundenen Telefonen.

Das Tiptel 172 ist z. B. ein analoges Komforttelefon, das das CLIP-Signal (Rufnummernanzeige) von analogen Ports auswerten kann.

Ähnlich wie bei einem ISDN-Telefon gibt es an solchen analogen Telefonen dann Komfortfunktionen wie z. B. eine Anrufliste, d. h., das Telefon speichert die letzten eingegangenen Anrufe mit Nummern. Sie können dann ganz bequem die „vergeblichen" Anrufer zurückrufen. Komforttelefone, in die ein Telefonbuch mit Namen und Rufnummern einprogrammiert wurde, vergleichen die ankommende Rufnummer mit den Einträgen im Telefonbuch und zeigen in Klartext den Namen des Anrufers an, wenn er im Telefonbuch vorhanden ist.

Diese Funktion können Sie allerdings nur nutzen, wenn der Analogport Ihres ISDN-a/b-Wandlers oder Ihrer ISDN-Telefonanlage dieses CLIP-Signal auch erzeugt. Dazu sind m. E. bestimmte elektronische Bauteile nötig, die bei reinen ISDN-a/b-Wandlern aus Kostengründen meist wegfallen. Die meisten „großen" ISDN-Telefonanlagen neuerer Bauart verfügen bereits über die CLIP-Generatoren und stellen das Rufnummernsignal an den analogen Ports bereit. Wenn Sie Wert darauf legen, die ankommenden Rufnummern auch an analogen Telefonen sehen zu können, achten Sie beim Kauf Ihres Geräts auf diese Möglichkeit. Verwechseln Sie das aber nicht mit einer Angabe „Rufnummernübermittlung kommend und gehend". Das bezieht sich nur auf die ISDN-Leistungsmerkmale und sagt nichts darüber, ob auch CLIP an Analogports möglich ist.

Wohin mit dem alten Telefon? Analoge Geräte am ISDN

Sie haben Ihr (Schnurlos-) Telefon im Jahre 1998 oder früher erworben? Dann wird es wahrscheinlich noch nicht das CLIP-Signal, das vom ISDN-a/b-Wandler oder von der ISDN-Anlage kommt, auswerten können. Es gibt kleine Vorschaltgeräte, die die ankommende Rufnummer auf einem eigenen Display anzeigen können. Sie werden einfach in eine der N-Buchsen an der TAE-Dose eingesteckt, an der auch Ihr Telefon angeschlossen ist. Solche Caller Identifier sind für etwa € 20,00 bis € 30,00 im Handel erhältlich.

Der „Rufnummernanzeiger" Caller ID Alpha 1 zeigt z. B. nicht nur eingehende Rufnummern an, sondern speichert die letzten 60 Rufnummern mit Datum und Uhrzeit. Außerdem ist noch ein alphanumerisches Telefonregister eingebaut, sodass Rufnummern verglichen werden und der Name des Anrufers im Klartext angezeigt wird. Komfortabel ist auch die eingebaute Rückruffunktion.

Interessant sind auch Anrufbeantworter, die das CLIP-Signal auswerten können. Durch die Rufnummernanzeige sind hier besondere Funktionen möglich und manche Hersteller nennen ihre Geräte schon „Anruf-Manager". Zu jeder aufgesprochenen Nachricht wird die Rufnummer des Anrufers gespeichert. Sie können die Anrufer zurückrufen, indem Sie den „Anruf-Manager" die Rufnummer anwählen lassen. Sogar individuelle Ansagen für bestimmte Anrufer (die sich mit ihrer eigenen Rufnummer identifzieren) können Sie hinterlegen und noch einiges mehr.

Der Anrufbeantworter Tiptel 340 clip ist z. B. derart umfangreich ausgestattet, dass er vom Hersteller als „Anruf-Manager" bezeichnet wird. So viel Leistung hat allerdings seinen Preis: Für rund € 179,00 ist er zu haben.

Die Sache mit der Rufnummernanzeige – gleichgültig ob an ISDN-Geräten oder an analogen Telefonen – hat nur einen Haken: Obwohl jeder Telefon-, ISDN- und Mobiltelefon-Anschluss in Deutschland seine Rufnummer(n) übermitteln könnte, kann der Inhaber des Anschlusses festlegen, ob Sie seine Nummer sehen können oder nicht. Bei den meisten analogen Telefonanschlüssen ist die Übermittlung der Rufnummer prinzipiell unterdrückt, bei ISDN-Anschlüssen wie bei Mobiltelefonen kann sie grundsätzlich oder fallweise – also von Anruf zu Anruf – unterdrückt werden. Wundern Sie sich also nicht darüber, dass die Rufnummern von manchen Anrufern nicht auf dem Display Ihres Telefons erscheinen.

Viele Inhaber von analogen Telefonanschlüssen wissen es gar nicht: Sie können die Übermittlung Ihrer Rufnummer zu anderen Teilnehmern freigeben. Ein Anruf bei der Auftragsannahme (bei der Telekom die kostenfreie Rufnummer 0800 330 1000) genügt, und die Rufnummernübermittlung wird nach wenigen Tagen aktiviert (genauer gesagt, die Unterdrückung der Übermittlung wird aufgehoben). Dieser Service ist übrigens kostenlos.

PC goes ISDN – So richten Sie Ihren Computer ein

Für viele ISDN-Teilnehmer ist die wichtigste Eigenschaft des ISDN die Möglichkeit, schnell Daten zwischen entfernten PCs (oder anderen Computern) auszutauschen. Obwohl Modems für analoge Telefonanschlüsse mittlerweile Geschwindigkeiten erreichen, die an ISDN beinahe heranreichen, unterliegen sie immer noch gewissen Einschränkungen.

V.90-Modems können mit 56.000 Bit/s fast ISDN-schnell Daten empfangen (Downstream), aber nur mit 33.600 Bit/s Daten versenden (Upstream). Der im Sommer 2000 verabschiedete Modem-Standard V.92 verbessert insbesondere die Upstream-Geschwindigkeit, das muss die angewählte Gegenstelle allerdings unterstützen können. Die Datenübertragungsrate von Modems hängt von der Qualität der Leitung ab. Störungen können die schnelle Datenübertragung beeinflussen, und ein Modem schaltet dann auf eine langsamere, sicherere Datenübertragungsrate (Fallback) zurück.

Im ISDN ist die Datenübertragungsrate von 64.000 Bit/s garantiert, und zwar sowohl in Sende- als auch in Empfangsrichtung. Da die Daten digital übertragen werden, haben Störungen auf den Übertragungsweg praktisch keinen Einfluss: Daten können gegebenenfalls einwandfrei reproduziert werden, einen Fallback wie bei der analogen Datenübertragung gibt es nicht. Zudem können Sie die beiden Nutzkanäle Ihres ISDN-Anschlusses bündeln, dann verdoppelt sich die Datenübertragungsrate auf 128.000 Bit/s – logischerweise ist Ihr ISDN-Anschluss dann komplett belegt, telefonieren können Sie während der Datenübertragung dann nicht mehr. Durch Datenkompression wäre auch dieser Wert noch zu steigern, das hängt aber sehr von der Art der zu übertragenden Daten ab und ist nicht garantiert.

Mittlerweile ist ISDN bei allen Internetprovidern, Onlinediensten und Mailbox-Anbietern Standard. Ihnen steht also nichts im Wege, diese Angebote über ISDN zu nutzen. Die schnelle Datenübertragung via ISDN ermöglicht aber noch andere Anwendungen, z. B. die Übertragung von Faxen direkt aus dem PC (oder in ihn hinein). Direkte Datenübertragungen zwischen zwei PCs an unterschiedlichen Standorten sind genauso möglich wie die Fernsteuerung eines PCs. Die ISDN-Datenübertragungsrate im ISDN genügt, um z. B. mit Ihrem Heim-PC den PC im Büro anzuwählen und von zu Hause aus einigermaßen zügig mit den Programmen auf Ihrem Büro-Rechner zu arbeiten. Noch ein Wort zu den Kanälen Ihres ISDN-Anschlusses: Neben den zwei Basiskanälen (B-Kanäle, Nutzkanäle) gibt es auch noch den Datenkanal (D-Kanal, Steuerkanal). Auch wenn es sich so anhört, werden auf dem Datenkanal im Allgemeinen keine Anwenderdaten übertragen. Dafür sind die Basiskanäle gedacht, die mit je 64.000 Bit/s auch viermal schneller sind als der Datenkanal. Der D-Kanal wird fast ausschließlich für die Steuerung des ISDN-Anschlusses verwendet.

Eine Ausnahme ist der ISDN-Dienst **A**lways **O**n/**D**ynamic **I**SDN, kurz AODI. Dieser nutzt den Datenkanal, um eine Art Dauerverbindung zu einem Internetprovider herzustellen und dort geringe Mengen an Daten (bis zu etwa 9.000 Bit/s Datenübertragungsrate), z. B. für E-Mails, zu übertragen. Werden größere Datenmengen übertragen, schaltet sich automatisch ein Basiskanal zu, bei Bedarf sogar beide Basiskanäle. Dieser ISDN-Dienst wird bislang (von der Telekom) nicht angeboten, und es ist nicht sicher, ob er überhaupt realisiert wird.

ISDN-Karten – Digital bleibt digital

Sie haben bereits ein Modem, möglicherweise sogar ein ziemlich schnelles? Na klar, wenn Sie es an einen ISDN-a/b-Wandler oder an einen analogen Port einer ISDN-Telefonanlage anschließen, können Sie es auch an Ihrem ISDN-Anschluss verwenden. Allerdings werden Sie dabei eine Überraschung erleben: An den analogen Ports von ISDN-Anlagen erreichen Sie mit einem Modem selten höhere Datenübertragungsraten als 33.600 Bit/s, manchmal sogar deutlich weniger.

Das ist nur einer der Gründe, warum Sie Ihr Modem durch eine ISDN-Karte ersetzen sollten. Bei einer ISDN-Karte bleiben die Daten in digitaler Form und werden „nur" ISDN-konform umgerechnet. Die Umrechnungsalgorithmen sind eindeutig festgelegt, sodass die Daten stets einwandfrei reproduziert werden können. Das erklärt auch, dass die Datenübertragungsrate von 64.000 Bit/s garantiert ist. Eine Preisfrage sollte die Anschaffung einer ISDN-Karte auch nicht sein. Gängige Karten sind für rund € 90,00 oder noch preiswerter zu haben und sind damit z. T. billiger als ein schnelles analoges Modem.

Info

ISDN-Karten sind keine Modems

ISDN-Karten haben im Wesentlichen die gleiche Funktionalität wie ein Modem. Trotzdem bezeichnet man sie nicht als ISDN-Modem. Der Begriff „Modem" ist ein Akronym aus **Mo**dulator und **Dem**odulator und bezeichnet nichts weiter als die Eigenschaft, die digitalen Daten eines Computers in analoge Signale (niederfrequente Wechselspannungen) und umgekehrt umzuwandeln. Die analogen Signale können dann auf einer normalen Telefonleitung übertragen werden. Eine ISDN-Karte moduliert und demoduliert digitale Daten nicht, der Begriff „Modem" wäre also hier nicht richtig.

Bei der Auswahl einer ISDN-Karte kommen Sie um einen Typen nicht herum: die AVM Fritz!card. Auch wenn es ISDN-Karten gibt, die (angeblich) leistungsfähiger sind, wird von den meisten Anwendern aus gutem Grund die Fritz!-Karte gekauft. Im Lieferumfang der Fritz!-Karte sind stabile Treiber für alle 32-Bit-Windows-Versionen inklusive Windows 2000 und Windows ME enthalten. Für andere Betriebssysteme (z. B. Linux) sind ebenfalls Treiber erhältlich (www.avm.de).

Das Besondere an der Fritz!-Karte: Im Lieferumfang des ISDN-Controllers (so nennt AVM seine ISDN-Karten) befindet sich das Softwarepaket AVM Fritz!32, das sehr zuverlässig läuft und die wichtigsten Anwendungen zur Datenübertragung abdeckt. Dazu gehören:

- Fritz!web: ein kleines Tool, das die Anwahl ins Internet steuert. Neben Kanalbündelung und Datenkompression ermöglicht Fritz!web auch die automatische Anwahl des Internets, wenn Daten angefordert werden, und beendet die Verbindung automatisch, wenn kein Datenverkehr stattfindet.
- Fritz!fax: sozusagen das Faxgerät im PC. Die Anwendung installiert einen Druckertreiber in der Windows-Systemsteuerung, mit dem Faxe aus beliebigen Windows-Anwendungen (z. B. Word) direkt auf fernen Faxgeräten „ausgedruckt“ werden können. Umgekehrt kann Fritz!fax auch Faxe empfangen, die papierlos im PC gespeichert und nur bei Bedarf ausgedruckt werden.
- Fritz!data ermöglicht die direkte (leitungsorientierte) Datenverbindung zwischen zwei PCs. Auf diese Weise können Sie Dateien einfach über die ISDN-Leitung verschicken oder empfangen. Neben dem genormten Übertragungsprotokoll Euro File Transfer (EFT), das auch andere ISDN-Karten beherrschen, gibt es in Fritz!data das AVM-eigene Protokoll IDTrans, das auch Datenkompression und Kanalbündelung ermöglicht.
- Fritz!fon „ersetzt“ Ihnen ein ISDN-Telefon, sofern in Ihrem Rechner eine Vollduplex-fähige Soundkarte eingebaut ist und daran eine Sprechgarnitur (Kopfhörer-Mikrofon-Kombination) oder Lautsprecher und Mikrofon angeschlossen sind. Das Fritz!fon hat ein Telefonbuch (Kurzwahlverzeichnis), aus dem per Mausklick gewählt werden kann. Es kann auch das Verzeichnis aus Microsoft Outlook verwendet werden.
- Fritz!vox: der digitale Anrufbeantworter im PC. Im Gegensatz zu „normalen“ Anrufbeantwortern kann Fritz!vox unterschiedliche Ansagen wiedergeben und sogar zeitgesteuert wechseln. Das Modul kann allein oder mit Fritz!fon zusammen verwendet werden.

AVM hat sich nicht nur wegen der stabilen Treiber und dem umfangreichen Softwarepaket Fritz!, sondern vor allem wegen einer liberalen Servicepolitik einen Namen gemacht: Es gibt regelmäßig Software- und Treiber-Updates, die kostenlos u. a. im Internet (www.avm.de) zur Verfügung gestellt werden.

AVM bietet seine Fritz!card in verschiedenen Versionen an:

- Fritz!card classic für den ISA-Bus
- Fritz!card PnP, ebenfalls für den ISA-Bus, aber mit Plug & Play für die entsprechenden Betriebssysteme
- Fritz!card PCI für den PCI-Bus

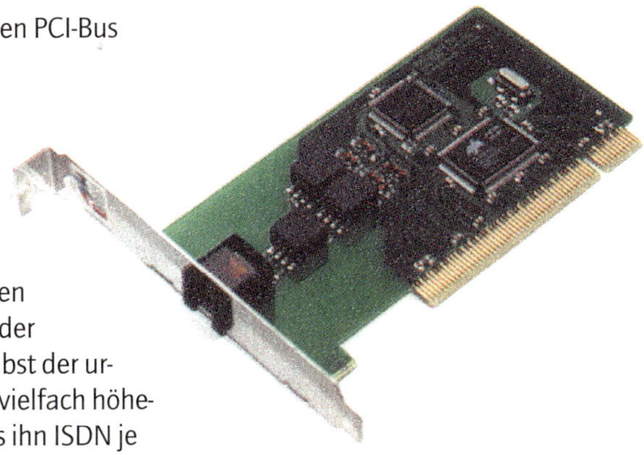

Die Fritz!card von AVM in der PCI-Busversion ist derzeit die beliebteste ISDN-Karte in Deutschland.

Es gibt bei diesen Karten keine Unterschiede in der Leistungsfähigkeit. Selbst der uralte ISA-Bus hat einen vielfach höheren Datendurchsatz als ihn ISDN je schafft. Trotzdem sollten Sie der PCI-Version den Vorzug geben, sofern Sie noch einen PCI-Steckplatz in Ihrem PC frei haben. Für die Besitzer von Laptops gibt es die Fritz!card auch als Fritz!card PCMCIA für den PCMCIA-Typ II-Steckplatz. Und für Freunde des Universal Serial Bus gibt es die externe Version Fritz!card USB.

Info

ISDN-Karten sind keine ISDN-Endgeräte

Seien Sie nicht überrascht: ISDN-Karten sind eigentlich keine ISDN-Geräte. Sie stellen den physischen Zugang zwischen dem PC (genauer gesagt: den Anwendungsprogrammen) und dem ISDN-Anschluss her und unterliegen den ISDN-üblichen elektrischen Bedingungen. Die eigentlichen „ISDN-Geräte" sind die Anwendungsprogramme. Denn nur die Programme steuern den Datenfluss, der über die Karte zum ISDN läuft. Damit Ihr Weltbild nicht aus den Fugen gerät: Eine ISDN-Karte kann ohne entsprechende Anwendungsprogramme nicht benutzt werden, und Anwendungsprogramme sind ohne ISDN-Karte wertlos. Betrachten Sie einfach die Kombination aus Karte und Programm als ISDN-Endgerät!

Einbauen und konfigurieren – Wie man die Fallstricke überwindet

Bevor Sie eine ISDN-Karte einbauen, prüfen Sie, ob Ihr PC überhaupt die Voraussetzungen erfüllt, die für den Betrieb einer ISDN-Karte erforderlich sind. AVM nennt für die Fritz!-Familie einen IBM-kompatiblen Rechner mit Pentium-Prozessor (oder kompatiblen Prozessor) und mindestens 16 MByte Arbeitsspeicher. Ferner sollte ein Windows-Betriebssystem ab Windows 95 vorhanden sein. (Für andere Betriebssysteme als Windows sind Treiber erhältlich.)

Für die Anwendungen, die mit der ISDN-Karte verwendet werden sollen, gelten mitunter höhere Systemvoraussetzungen, die aktuell erhältliche PCs im Allgemeinen gut erfüllen. Wenn ein Internetbrowser wie Netscape Communicator oder Microsoft Internet Explorer in einer der aktuellen Versionen zum Einsatz kommt, sollte Ihr PC schon über einen Pentium II oder Pentium III ab etwa 300 MHz und mindestens 64 MByte Arbeitsspeicher verfügen.

Der Einbau selbst ist einfach und dauert im Allgemeinen nur wenige Minuten. Beachten Sie nur ein paar Sicherheitsregeln. Hier wird der Einbau einer AVM Fritz!card PCI beschrieben. Andere Karten werden weitgehend genauso eingebaut.

Einbau der AVM Fritz!card

1 Schaffen Sie sich ausreichend Platz, damit Sie Ihren PC öffnen können. PCs und ISDN-Karte sind gegen elektrostatische Entladungen empfindlich und können dadurch zerstört werden. Vermeiden Sie synthetische Tischbeläge und tragen Sie beim Einbau keine Wollkleidung. Bevor Sie an Ihrem PC arbeiten, „entladen" Sie sich, indem Sie z. B. einen Wasserhahn anfassen.

2 Schalten Sie Ihren PC aus und entfernen Sie alle Kabel, die daran angeschlossen sind. Öffnen Sie das Gehäuse: Lösen Sie die Kreuzschlitzschrauben auf der Rückseite und ziehen Sie den Gehäusedeckel ab.

3 Suchen Sie auf der Hauptplatine einen freien PCI-Steckplatz oder – wenn Sie eine Fritz!card classic oder Fritz!card PnP haben – einen freien ISA-Steckplatz. Entfernen Sie das dazugehörige Slotblech an der Rückseite des Computers. Das ist entweder mit einer Schraube fixiert oder (noch) mit kleinen Metallstegen am Gehäuse befestigt. Schrauben Sie das Blech ab oder brechen Sie es, ggf. mit sanfter (!) Gewalt, aus dem Gehäuse.

4 Packen Sie die Fritz!card aus ihrer Schutzverpackung aus und setzen Sie sie in den freien Steckplatz ein. Drücken Sie an beiden Enden gleichmäßig auf die Karte, sodass sie genau senkrecht in den Steckplatz eingeführt wird.

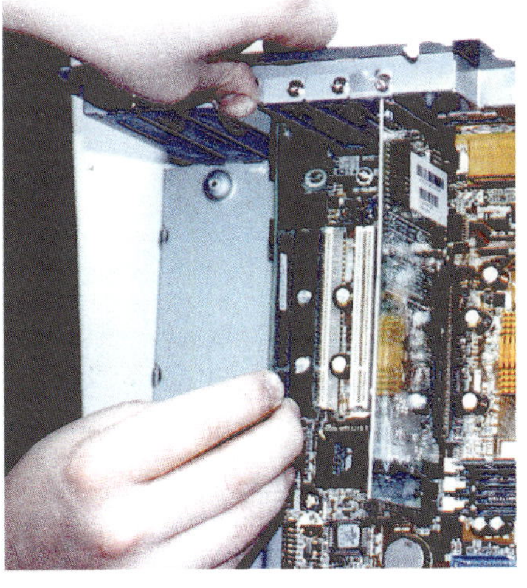

Wenn Sie eine Fritz!card classic einbauen, müssen Sie vorher noch die Hardwareadressierung einstellen. Dazu hat diese Karte eine kleine Steckbrücke, die auf verschiedene Positionen, entsprechend den Adressen, gesteckt werden kann. Bevor Sie die Karte einbauen, starten Sie die mitgelieferte Treiber-CD-ROM. Die Software prüft auf etwaige Adressierungskonflikte und gibt Ihnen eine Empfehlung für die Einstellung der Steckbrücke. Danach schalten Sie Ihren PC aus und bauen die Karte wie hier beschrieben ein.

5 Fixieren Sie den Blechstreifen der Karte an der Rückseite des Gehäuses mit einer Schraube. Schrauben Sie anschließend das Gehäuse wieder zu und schließen Sie die Kabel wieder an.

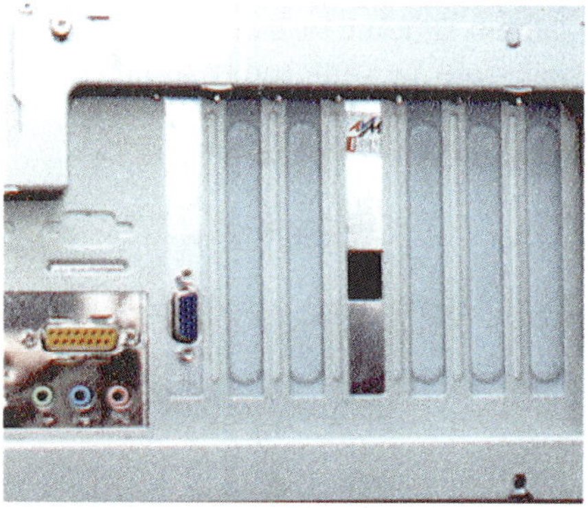

6 Das mit der Fritz!-Karte mitgelieferte ISDN-Anschlusskabel stecken Sie mit dem einen Stekker in die ISDN-Buchse auf der Karte und mit dem anderen Stecker an eine funktionsfähige ISDN-Anschlussdose oder direkt an den NTBA.

Damit ist der Einbau der ISDN-Karte abgeschlossen. Wie für jede andere Komponente eines PCs müssen Sie jetzt noch den Kartentreiber und die Anwendungsprogramme installieren, die Sie verwenden wollen.

Der Treiber ist die Schnittstelle zwischen einer Hardwarekomponente (hier: die ISDN-Karte) und dem Betriebssystem bzw. den Anwendungsprogrammen, die über die ISDN-Karte Daten austauschen wollen. Für ISDN-Karten heißt dieser Treiber Common ISDN Applications Programming Interface, kurz CAPI. Jede ISDN-Karte hat ihren eigenen CAPI-Treiber, der auf Diskette oder CD-ROM mitgeliefert wird. Die Programme steuern über CAPI-Befehle die ISDN-Karte an. Alle Programme, die mit ISDN-Karten arbeiten können, kennen diese CAPI-Befehle.

Einige (ältere) Programme zur Datenübertragung kennen die CAPI-Befehle nicht und können mit ISDN-Karten normalerweise nichts anfangen. Dafür gibt es spezielle „Übersetzungs"-Schnittstellen, die die Befehle (z. B. den Hayes-AT-Befehlssatz von analogen Modems) auf den CAPI-Befehlssatz übertragen. Solche Treiber stellen im Computersystem so genannte virtuelle Modems ein, die von den Anwendungsprogrammen dann angesteuert werden können. Eine andere Lösung sind Fossil-Treiber, wie z. B. cFos, die den AT-Befehlssatz direkt in den CAPI-Befehlssatz umsetzen.

Die meisten aktuellen Anwendungsprogramme beherrschen die CAPI-Sprache und können ISDN-Karten ohne Umwege direkt über die CAPI ansteuern.

Egal, welche Fritz!-Karte Sie in Ihren Rechner eingebaut haben: Die Installation der CAPI (und der mitgelieferten Anwendungsprogramme) weicht nur in kleinen Unterschieden ab, die vom jeweiligen Betriebssystem abhängig sind.

1 Schalten Sie Ihren PC ein. Nach dem Start erkennt der Hardware-Assistent eine neue Plug & Play-Hardwarekomponente. Im folgenden Dialogfenster lassen Sie den Hardware-Assistenten nach dem besten Treiber suchen.

2 Geben Sie nun den Pfad der CD-ROM an, auf dem der Treiber zu finden ist. Je nach Betriebssystem ist das Dialogfenster etwas anders gestaltet.

Für Windows 95 heißt er *Windows.95*, für Windows 98 *Windows.98*. für Windows NT *Windows.nt*.
Bei Windows ME geben Sie explizit den Treiber an: *Windows.Me**Fpciset.inf*.
Windows 2000 installiert zunächst den betriebssystemeigenen Fritz!-Kartentreiber. Starten Sie nach der Installation des Treibers das Programm *Windows.2k\Setup.exe* von der Fritz!-CD-ROM.

3 Es erscheint automatisch das Begrüßungsfenster des Treiberinstallationsprogramms. Geben Sie den Ordner an, in dem die Treiber installiert werden sollen. Nehmen Sie am besten die vorgegebene Einstellung.

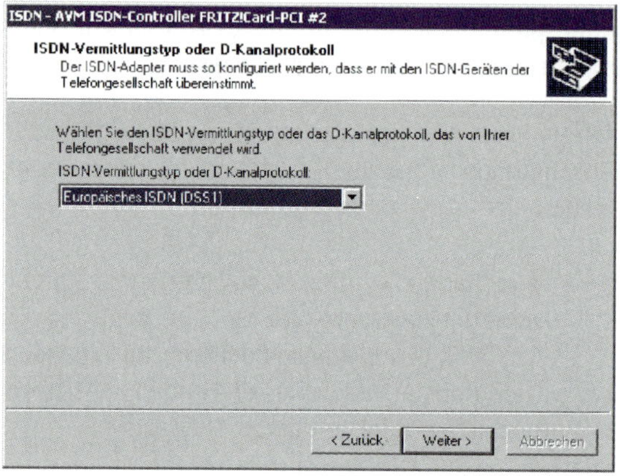

4 Im folgenden Dialogfenster werden Sie nach dem D-Kanalprotokoll Ihres ISDN-Anschlusses gefragt. Die richtige Einstellung *Europäisches ISDN (DSS1)* ist bereits vorgegeben. Bestätigen Sie die Einstellung, indem Sie auf *Weiter* klicken, und beenden Sie die Treiberinstallation durch Anklicken von *Fertig stellen* oder *Beenden*.

Damit ist auch der Treiber Ihrer ISDN-Karte installiert. Auf Ihrem PC befindet sich nun eine CAPI, mit der Sie von allen CAPI-fähigen Anwendungsprogrammen Ihre ISDN-Karte ansteuern können.

Bei den Fritz!-Karten von AVM erscheint nach der Treiberinstallation noch ein Fenster, das Sie darauf hinweist, dass Sie nun die eigentliche Kommunikationssoftware Fritz!32 installieren können. Die Installation von Anwendungsprogrammen ist im folgenden Kapitel beschrieben.

Mein PC bleibt zu – ISDN über die USB-Schnittstelle

Wenn Sie es nicht mögen, an Ihrem PC herumzubasteln, oder bereits alle PCI-Steckplätze (oder ISA-Steckplätze) belegt sind, gibt es ISDN-„Karten“ auch als externe Lösung. Diese ISDN-Adapter sind etwa zigarettenschachtelgroß und werden im Allgemeinen über die USB-Schnittstelle mit dem PC verbunden. Seltener findet man ISDN-Adapter, die an die serielle Schnittstelle (COM-Port) des Rechners angeschlossen werden.

AVM hat mit der Fritz!card USB einen ISDN-Adapter im Angebot, der mit der gleichen Software Fritz!32 geliefert wird wie die Einbaukarten auch. Darum ist auch der USB-Adapter der Fritz!-Familie die erste Wahl.

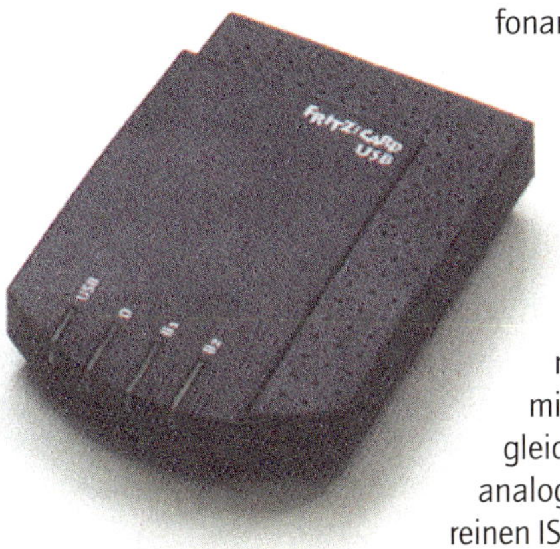

USB-ISDN-Adapter gibt es aber auch eingebaut in kleine Telefonanlagen. Wenn Sie sowieso Ihre analogen Telefone an ISDN anschließen wollen, sind solche Kombinationsgeräte vor allem eine preislich attraktive Alternative. Fast können Sie es sich denken: AVM hat auch solche Geräte im Lieferprogramm. Die AVM Fritz!X PC (mit seriellem Anschluss zum PC) und die AVM Fritz!X USB – beachten Sie das X in der Typenbezeichnung – enthalten den ISDN-Adapter für den PC mit dem gleichen Softwarepaket Fritz!32 und sind gleichzeitig ISDN-Telefonanlagen für je bis zu vier analoge Endgeräte. Der Telefonteil ist im Vergleich zu reinen ISDN-Telefonanlagen etwas spartanisch ausgefallen, aber die wichtigsten Funktionen sind vorhanden.

Plug & Play – So wird der USB-ISDN-Adapter installiert

Bevor Sie einen ISDN-Adapter an Ihren PC anschließen, prüfen Sie, ob Ihr PC überhaupt die Systemvoraussetzungen erfüllt, die für den Betrieb erforderlich sind. Ihr PC muss eine USB-Schnittstelle haben und natürlich das Betriebssystem, das den **U**niversal **S**erial **B**us unterstützt. Die neueren Microsoft-Betriebssysteme Windows 98, Windows 2000 und Windows ME gehören natürlich dazu. Ansonsten gelten die gleichen Systemanforderungen wie bei Einbau-ISDN-Karten.

Der Universal Serial Bus ist von vornherein so konzipiert worden, dass ein USB-Gerät während des laufenden Betriebs des Rechners angeschlossen werden kann. Die Installation eines USB-Adapters ist denkbar einfach.

1 Packen Sie den Fritz!card USB-Adapter aus und schließen Sie das mitgelieferte ISDN-Kabel mit dem einen Stecker an die mit *ISDN* bezeichnete Buchse am USB-Adapter und mit dem anderen Stecker an eine funktionsfähige ISDN-Anschlussdose oder direkt an den NTBA an.

2 Das USB-Anschlusskabel hat verschieden geformte Stecker: Der quadratische Stecker wird in die mit dem USB-Symbol bezeichnete Buchse am USB-Adapter eingesteckt, den flachen Stecker schließen Sie an eine USB-Buchse Ihres PCs an. Der USB-Adapter erhält seine Energie vom PC, eine zusätzliche Spannungsversorgung ist nicht erforderlich. (Übrigens ist auch der USB-Adapter ein aktives ISDN-Gerät. Der NTBA braucht seinetwegen keinen Anschluss an 230 Volt.)

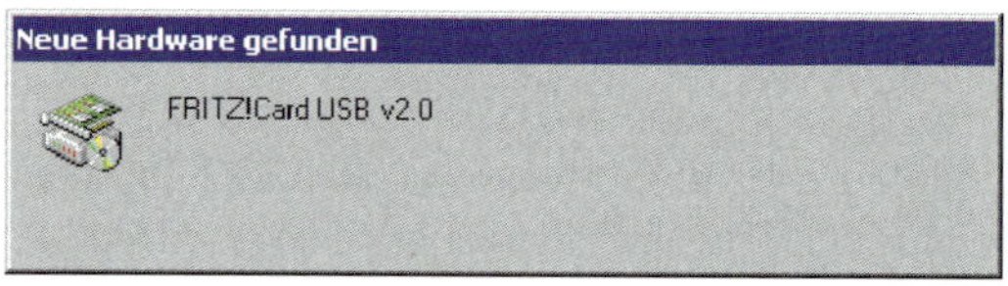

3 Egal, ob Ihr PC bereits eingeschaltet war oder Sie ihn erst starten müssen: Die Windows-Betriebssysteme mit USB-Unterstützung erkennen den neu angeschlossenen Adapter und starten automatisch den Hardware-Assistenten.

4 Im folgenden Dialogfenster lassen Sie den Hardware-Assistenten nach dem besten Treiber suchen. Geben Sie nun den Pfad der CD-ROM an, auf dem der Treiber zu finden ist. Je nach Betriebssystem ist das Dialogfenster etwas anders gestaltet.

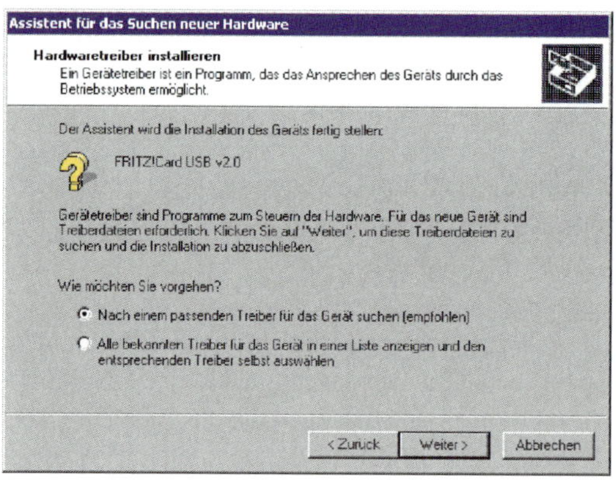

Für Windows 98 heißt es *\Windows.98*. Bei Windows ME geben Sie explizit den Treiber an: *Windows.Me\Fusb2set.inf*. Windows 2000 lassen Sie nach dem passenden Treiber für den USB-Adapter auf den CD-ROM-Laufwerken suchen.

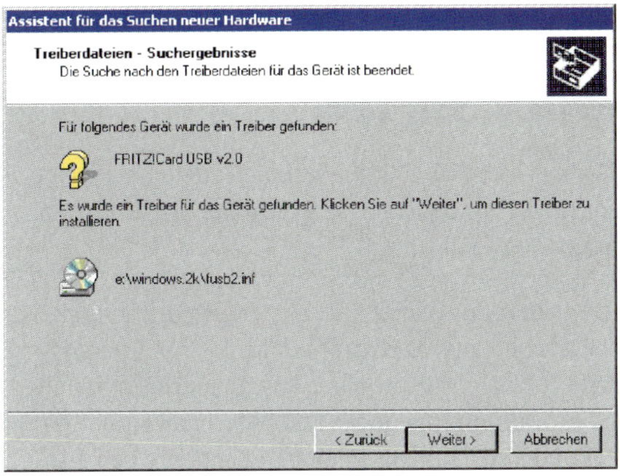

5 Bestätigen Sie nun Ihre Auswahl. Nach kurzer Zeit wird die Treiberinstallation bestätigt und am USB-Adapter leuchtet die Leuchtdiode *USB*.

6 In Windows 98 werden Sie nach dem D-Kanal-Protokoll Ihres ISDN-Anschlusses gefragt. Die richtige Einstellung *DSS1* ist bereits vorgegeben, bestätigen Sie die Einstellung.

7 Die Treiberinstallation beenden Sie durch Anklicken von *Fertig stellen* oder *Weiter*.

Damit ist der Treiber des ISDN-USB-Adapters installiert. Wie bei den Einbaukarten können Sie nun die eigentliche Kommunikationssoftware Fritz!32 oder andere Anwendungsprogramme installieren, die mit CAPI arbeiten.

ISDN am PC – Mehr als nur schneller surfen

Nachdem Sie nun eine ISDN-Karte in Ihren PC eingebaut haben oder ihm auf eine andere Weise einen Zugang zum ISDN ermöglichen, kann es eigentlich losgehen mit der schnellen Datenübertragung im ISDN.

Aber die beste ISDN-Karte nutzt nichts ohne die passenden Anwendungsprogramme. Wenn Sie sich einen ISDN-Controller aus der Fritz!-Familie von AVM gegönnt haben, verfügen Sie bereits über eine Handvoll gängiger Anwendungsprogramme. Das Softwarepaket Fritz!32 ist im Lieferumfang jedes Fritz!-Produkts enthalten. Sollten Sie die ISDN-Karte eines anderen Fabrikats in Ihrem Rechner haben, können Sie die Fritz!-Programme getrennt erwerben: Die rundum empfehlenswerte Fritz!-Software arbeitet nicht nur mit den AVM-eigenen ISDN-Controllern, sondern auch mit jedem anderen zusammen, der einen CAPI-2.0-Treiber hat.

Wer heute mit Computern zu tun hat, kommt um das Internet nicht mehr herum. Als Kommunikationssoftware ist in den aktuellen Microsoft-Windows-Betriebssystemen der Internetbrowser Microsoft Internet Explorer bereits enthalten. Die große Konkurrenz zum Internet Explorer ist der Netscape Navigator bzw. der Netscape Communicator, der von einigen Internetprovidern empfohlen wird.

Alle Internetprovider können über ISDN angewählt werden und das Surfen läuft entsprechend zügig. Statt eines Internetproviders können Sie auch einen Onlinedienst nutzen, der Ihnen neben einem besonders leichten Zugang zum Internet noch eigene redaktionell betreute Inhalte anbietet, zum Beispiel Onlinebanking oder virtuelle Chat-Räume, in denen sich Gleichgesinnte treffen und per Tastatur und Monitor miteinander „plaudern".

Über eine ISDN-Karte ist es auch möglich, zwei Rechner an räumlich getrennten Standorten miteinander zu „vernetzen" oder zwei Computer-Netzwerke miteinander zu verbinden (Wide Area Network). Die Datenübertragungsrate im ISDN ist so hoch, dass es möglich ist, einen PC von einem anderen Standort einigermaßen flüssig „fernzubedienen": Die Bildschirmanzeige z. B. Ihres Büro-PCs wird auf Ihrem heimischen Bildschirm abgebildet und Sie können jetzt daran arbeiten, als säßen Sie im Büro. Der Gedanke des Heim-Arbeitsplatzes ist in greifbare Nähe gerückt.

Beispielhaft: Die Fritz!32-Anwendungsprogramme

Sicher gibt es auch andere Kommunikationsanwendungsprogramme als die Software von AVM. Eine ausgezeichnete Faxanwendung ist z. B. Delrina WinFax. Trotzdem ist das Fritz!-Softwarepaket erste Wahl: Die einzelnen Programme sind sehr übersichtlich, funktionieren zuverlässig und decken bereits die wichtigsten Anwendungen ab. Außerdem sind sie günstig: Wenn Sie eine Fritz!-Karte erworben haben, sind Sie bereits Besitzer dieses Programmpakets.

Bei der Installation können Sie auswählen, welche einzelnen Anwendungen Sie installieren wollen. Es ist am einfachsten, wenn Sie von vornherein alle Programmteile installieren, es sei denn, Sie wissen bereits genau, was Sie davon benötigen.

Installation der Anwendungsprogramme

1 Legen Sie die Fritz!-CD-ROM in Ihr CD-Laufwerk ein. Im Startmenü wählen Sie *Ausführen* und tragen den Pfad zum Installationsprogramm ein: <CD-Lw.>*:\Software\Fritz!\Setup.exe.* Klicken Sie anschließend auf die Schaltfläche *OK*. Der Setup-Assistent der Fritz!-Software wird jetzt gestartet.

2 Nach dem Willkommen-Fenster geben Sie den Programmordner an, in dem die Fritz!-Software installiert werden soll. Der vorgegebene Pfad ist meistens am besten geeignet.

3 Im folgenden Fenster haben Sie die Wahl zwischen einer reinen Installation oder einer Installation und gleichzeitiger Konfiguration. Sie sollten die Software direkt bei der Installation auch konfigurieren. Gegebenenfalls können Sie auch nachträglich Änderungen an der Konfiguration vornehmen.

4 Nun fragt Sie das Setup-Programm, ob Ihre ISDN-Karte an einer Nebenstellenanlage angeschlossen ist oder direkt am ISDN-Anschluss betrieben wird. Machen Sie hier die notwendigen Angaben und klicken Sie auf die Schaltfläche *Weiter*.

Wenn Ihre ISDN-Karte an der internen S_0-Schnittstelle einer ISDN-Telefonanlage angeschlossen ist, müssen Sie hier keine Angaben machen: Die meisten ISDN-Telefonanlagen ermöglichen den daran angeschlossenen Geräten die spontane Amtsholung, also ohne Vorwahl einer Amtskennziffer. Gerade für den Betrieb von ISDN-Karten (die im Allgemeinen keinen hausinternen Datenverkehr verursachen) ist das die optimale Einstellung.

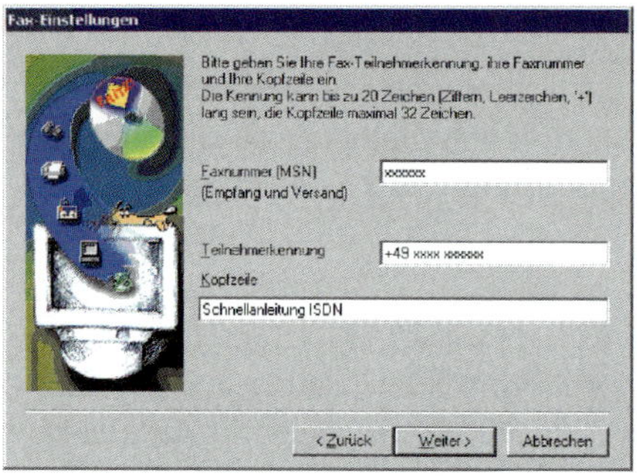

5 Danach werden Sie nach einigen Angaben zum Programm Fritz!fax gefragt. Unter *Faxnummer (MSN)* tragen Sie die MSN ein, auf der der Faxverkehr stattfinden soll. Die *Teilnehmerkennung* wird mit der Faxgegenstelle ausgetauscht und dient zur Identifizierung der Stationen. Im Allgemeinen ist die Teilnehmerkennung identisch mit der Fax-MSN. Als Kopfzeile können Sie z. B. Ihren Namen oder den Namen Ihrer Firma angeben.

Wenn Ihre ISDN-Karte an einer ISDN-Anlage angeschlossen wird, geben Sie unter *Faxnummer (MSN)* statt der Fax-MSN die interne Rufnummer der ISDN-Anlage ein, auf der die Faxrufnummer ankommt.

Die *Teilnehmerkennung* hat nichts mit ISDN zu tun – die Faxgeräte (oder die Faxprogramme) tauschen die Kennungen nur „intern“ (über den Nutzkanal) aus. Für die Kennung ist die so genannte internationale kanonische Rufnummerndarstellung empfohlen: Die 0 Ihrer Vorwahl wird durch die internationale Zugangskennziffer (mit einem Pluszeichen [+] statt der Doppelnull) ausgetauscht, und Ihre Faxrufnummer sowie die Vorwahl wird jeweils in einem Block geschrieben. Lautet Ihre Faxrufnummer (08 15) 34 56 78, sieht deren kanonische Darstellung wie folgt aus: +49 815 345678.

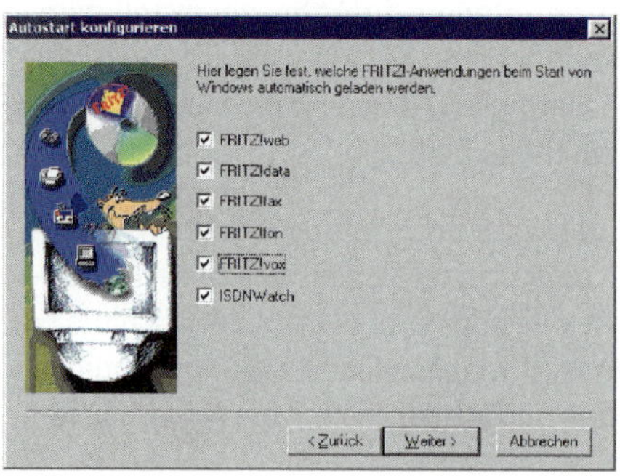

6 Anschließend können Sie festlegen, welche Teile der Fritz!-Software beim Start (!) von Windows automatisch geladen werden sollen. Im Allgemeinen genügt das Modul Fritz!fax und eventuell ISDNWatch. Bestätigen Sie Ihre Angabe mit *Weiter*. Nun kopiert das Setup-Programm die einzelnen Programmdateien in den angegebenen Ordner und konfiguriert sie entsprechend Ihren Angaben. Gegebenenfalls werden Sie danach aufgefordert, Windows neu zu starten.

Damit befinden sich jetzt die wichtigsten Kommunikationsprogramme für Ihre ISDN-Karte auf Ihrem PC.

Faxen mit dem Computer

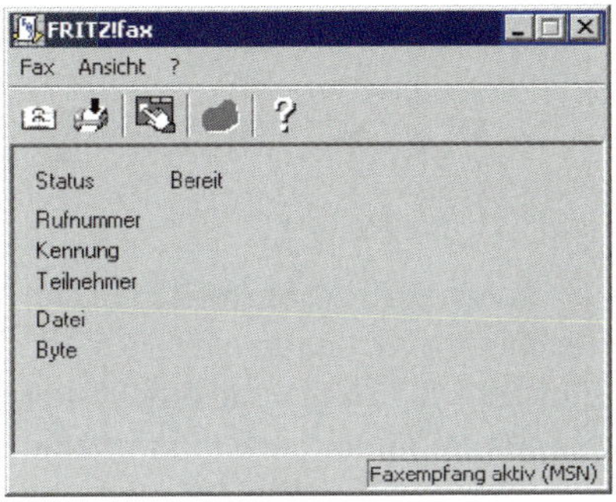

Mit der Einrichtung der Faxsoftware auf Ihrem Computer sind Sie dem seit Jahren prophezeiten papierlosen Büro ein Stück näher gekommen: Es ist nicht nötig, ein eingehendes Fax auszudrucken, um es lesen zu können. Umgekehrt können Sie von jeder Standardanwendung unter Windows Faxe verschicken, ohne dass sie vorher aufs Papier gebracht werden müssen.

Wenn Sie Fritz!fax gestartet haben, steht das Programm auf *Faxempfang aktiv*, d. h., es ist bereit, eingehende Faxe entgegenzunehmen. Wenn Sie ein Fax erhalten haben, gehen Sie wie folgt vor:

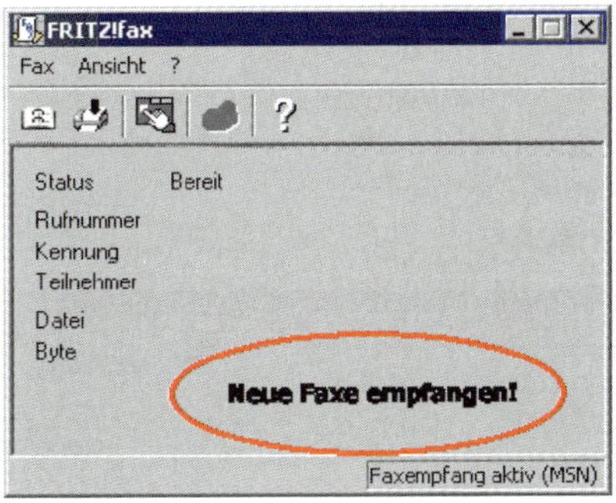

1 Das Modul Fritz!fax meldet in seinem Fenster *Neue Faxe empfangen*. Diese Faxe werden jetzt in einem Journal abgelegt: Gehen Sie im *Fax*-Menü auf den Befehl *Journal aufrufen*. Das Fritz!journal startet und die empfangenen Faxe werden jetzt dort eingelesen.

2 Klicken Sie im Fritz!journal auf die Schaltfläche *Eingang*. Die empfangenen Faxe werden jetzt aufgelistet. Markieren Sie das Fax, das Sie lesen wollen, mit einem Mausklick und klicken Sie auf die Schaltfläche *Fax anzeigen*.

3 Im folgenden Fenster wird das Fax angezeigt. Hier können Sie es sich auch ausdrucken lassen.

Nachdem Sie nun Ihr erstes Fax im PC empfangen haben, verspüren Sie sicher den Wunsch, auch ein Fax an jemanden zu schicken. Das können Sie aus jedem Windows-Anwendungsprogramm heraus machen. Bei der Installation von Fritz!fax hat sich automatisch der *Fritz!fax Drucker* im System installiert.

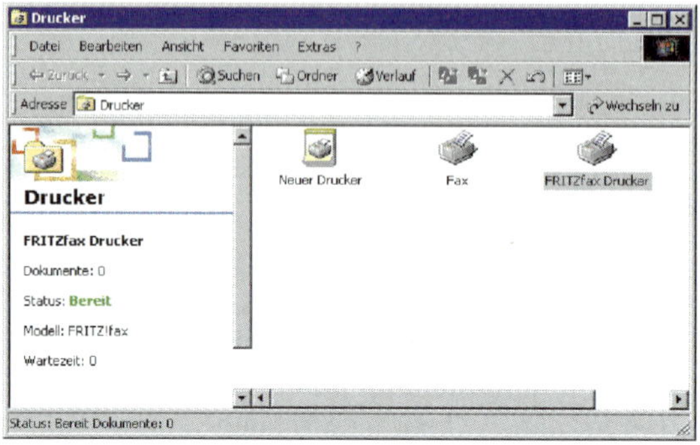

1 Erstellen Sie das Dokument, das Sie per Fax verschicken wollen, z. B. in Word.

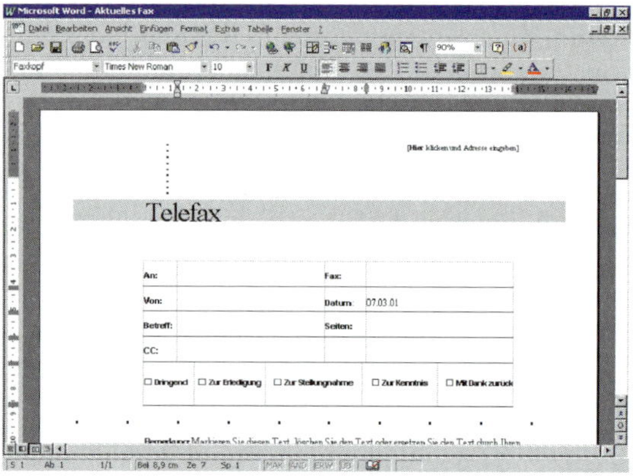

2 Gehen Sie im *Datei*-Menü auf den Befehl *Drucken* und wählen Sie als Drucker *Fritz!fax Drucker* aus. Starten Sie den „Ausdruck", indem Sie auf die Schaltfäche *OK* klicken.

3 Das Dokument wird in den *Fritz!fax Drucker*-Treiber geladen und es erscheint ein Fenster, in dem Sie die Faxrufnummer des gewünschten Empfängers eingeben. Nach dem Anklicken der Schaltfläche *OK* wählt die Software die Rufnummer an und versendet das Fax.

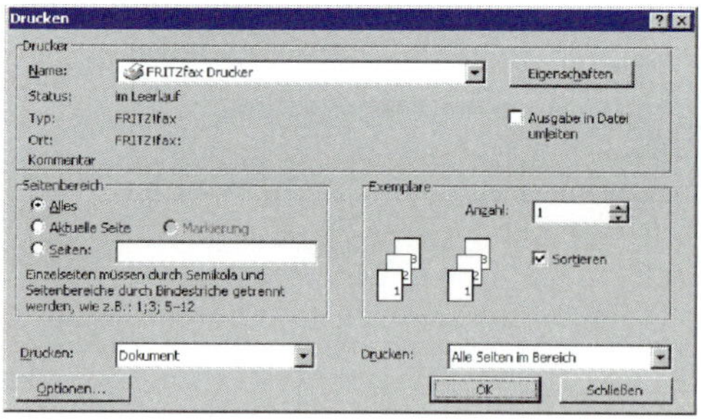

4 Denken Sie daran, für den nächsten Ausdruck auf Papier wieder Ihren „richtigen" Drucker einzustellen.

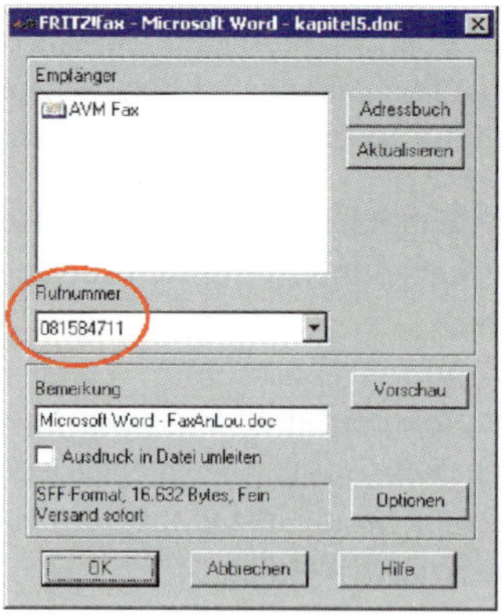

Wenn Sie an Ihrem PC mit ISDN-Karte außer Ihrem Drucker noch einen Scanner angeschlossen haben, kann Ihnen diese Kombination ein komplettes Faxgerät ersetzen.

Leider hat Fritz!fax keinen *Scan To Fax*-Befehl, der Papiervorlagen direkt einlesen und verschicken könnte. Sie müssen sich daher mit einem Zwischenschritt behelfen, indem Sie die Vorlage mit einem TWAIN-fähigen Programm einscannen (TWAIN ist der Treiber für Ihren Scanner, sozusagen dessen CAPI) und von dort die Grafikdatei, wie oben beschrieben, auf *Fritz!fax Drucker* „ausdrucken". Wenn Sie eine Papiervorlage zum Faxen einscannen, stellen Sie den Scanner auf 200 dpi Auflösung und LineArt, Schwarzweiß oder 1 Bit ein.

Der schnelle Datenaustausch – Euro File Transfer

Was wäre ein PC mit ISDN-Karte, wenn Sie nicht auch die Möglichkeit hätten, mit einer anderen Gegenstelle in einer Direktverbindung Daten auszutauschen? Im Fritz!-Softwarepaket ist mit Fritz!data ein Modul enthalten, mit dem Sie einen anderen PC anwählen können, um von diesem Dateien zu empfangen oder zu diesem Dateien zu senden. Speziell für ISDN wurde ein besonderes Dateitransferprotokoll festgelegt: Euro File Transfer. Wenn Sie von einem Datenaustausch mit ISDN hören, können Sie (fast) sicher sein, dass dieses Protokoll gemeint ist. Fritz!data lässt sich sehr leicht handhaben.

Datentransfer mit Fritz!data

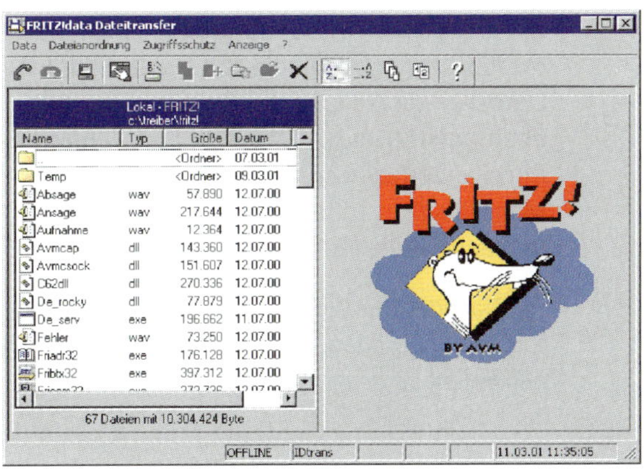

1 Starten Sie Fritz!data. Auf der linken Seite finden Sie eine Dateiliste vom aktuellen Ordner.

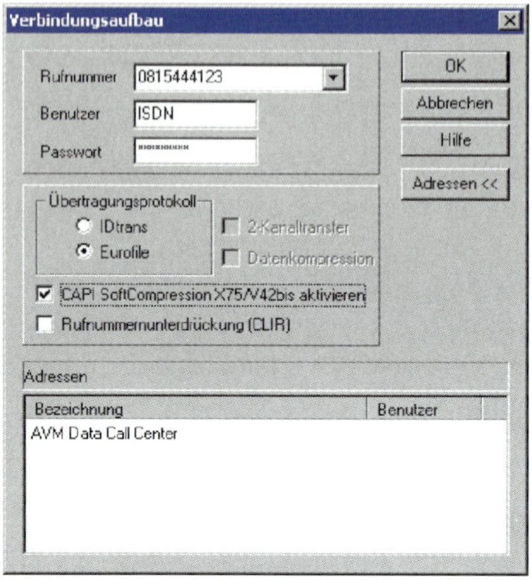

2 Gehen Sie im *Data*-Menü auf den Befehl *Verbindung aufbauen* und tragen Sie im folgenden Fenster die Rufnummer des fernen Rechners ein. In der Regel ist der Zugriff durch ein Passwort geschützt. Tragen Sie Ihren Benutzernamen und das Passwort ein, das Sie mit der Gegenstelle vereinbart haben. Hier stellen Sie auch das vereinbarte Übertragungsprotokoll ein. Meistens ist *Eurofile* das richtige Protokoll.

Wenn die Gegenstelle ebenfalls die Fritz!-Software hat, können Sie statt *Eurofile* auch *IDtrans* als Übertragungsprotokoll wählen. Dieses Protokoll ist von AVM entwickelt worden und bietet die Möglichkeit der Kanalbündelung mit doppelter Datenübertragungsrate sowie Datenkompression. Je nach Dateiart sind hier Übertragungsraten von 300.000 Bit/s möglich.

3 Wählen Sie die Gegenstelle an, indem Sie die Schaltfläche *OK* anklicken. Die Verbindung wird aufgebaut, und auf der rechten Seite des *Fritz!data*-Fensters finden Sie die Dateiliste, die für Sie von der Gegenstelle freigegeben wurde. Sie können nun Dateien (durch Drag & Drop) auf Ihre Seite ziehen, dann beginnt die Datenübertragung automatisch. In einem Fenster können Sie den Ablauf der Übertragung verfolgen.

4 Je nach den für Sie eingestellten Benutzerrechten können Sie umgekehrt Dateien aus Ihrer Dateiliste auf die andere Seite ziehen – damit übertragen Sie diese Dateien auf den fernen PC. Mit erweiterten Rechten haben Sie auch die Möglichkeit, in andere Verzeichnisse zu wechseln und Dateien zu löschen.

5 Nachdem Sie die gewünschten Dateien übertragen haben, beenden Sie die Verbindung durch den Befehl *Verbindung abbauen* im *Data*-Menü.

Mit dem gleichen Programm kann man einen Euro File Transfer-Server bereitstellen, von dem ferne PCs sich Dateien herunterladen oder Ihnen umgekehrt auch Dateien senden können.

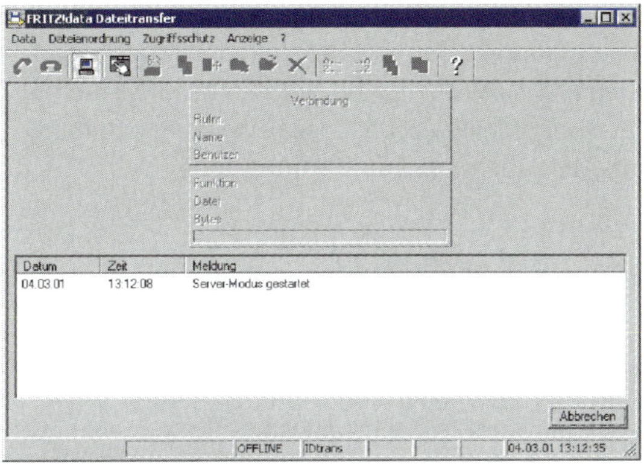

1 Starten Sie Fritz!data. Gehen Sie im *Data*-Menü auf den Befehl *Server-Modus*.

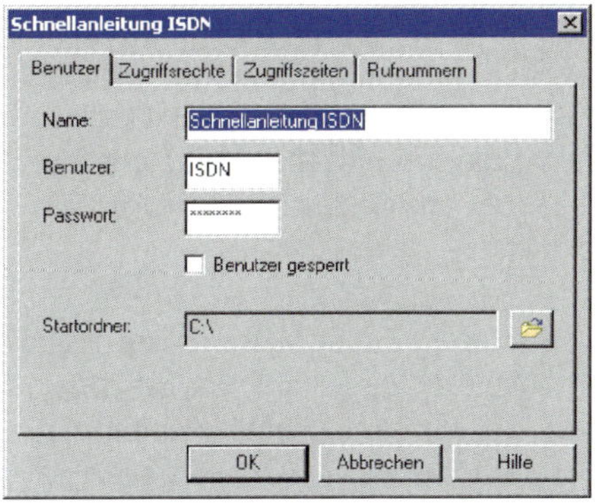

2 Stellen Sie die Benutzerrechte ein. Gehen Sie im *Zugriffschutz*-Menü auf *Bearbeiten* und legen Sie durch Anklicken der Schaltfläche *Hinzufügen* einen neuen Benutzer an. Dort tragen Sie einen Namen ein (der nur für Sie zur Orientierung dient und nicht übertragen wird) sowie den Benutzernamen und das Passwort, das Sie mit der fernen Gegenstelle vereinbart haben.

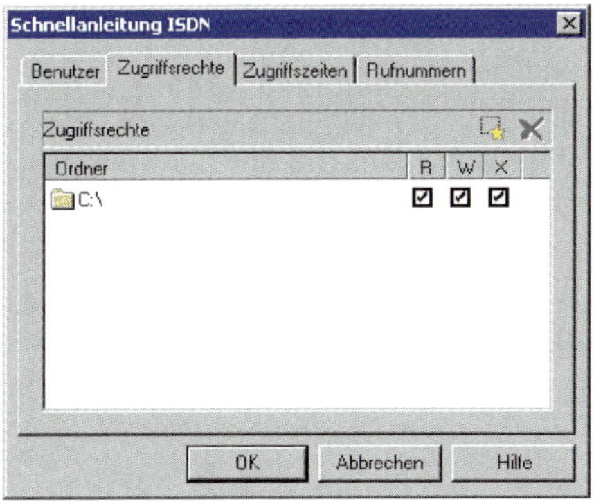

3 Geben Sie den Startordner an, also das Verzeichnis, auf das die Gegenstelle als Erstes Zugriff hat. Auf der Registerkarte *Zugriffsrechte* können Sie der Gegenstelle verschiedene Berechtigungen erteilen: Mit *R* hat sie nur Leserechte, d. h., sie kann aus dem Startverzeichnis nur Dateien zu sich übertragen. Schreibrechte bekommt die Gegenstelle durch *W*; und das Recht, auch das Verzeichnis zu wechseln und Dateien zu löschen, wird durch *X* zugeteilt. Bestätigen Sie Ihre Angaben durch Anklicken der Schaltfläche *OK*.

Nun befindet sich das Programm im Servermodus, und ferne PCs können sich darauf einwählen und Dateien übertragen, solange Sie den Servermodus nicht beenden.

Vergessen Sie nicht, ähnlich wie für Fritz!fax auch bei Fritz!data eine MSN einzugeben, auf der die Datenübertragung stattfinden soll. Die Nummer tragen Sie unter *Einstellungen* auf der Registerkarte *ISDN* ein. Ist die ISDN-Karte an die interne S_0-Schnittstelle einer ISDN-Anlage angeschlossen, geben Sie eine interne Rufnummer ein. Die Zuordnung zur Amts-MSN übernimmt die Telefonanlage.

Komfortabel - Der PC als Anrufbeantworter

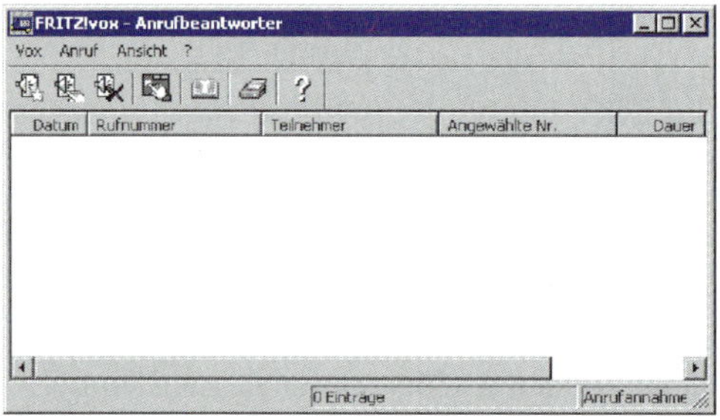

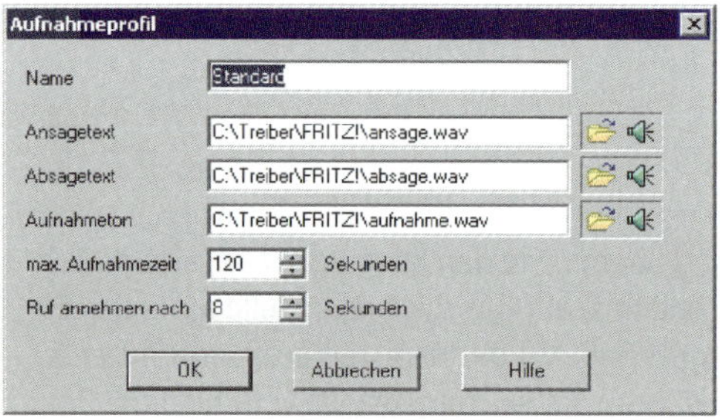

Ist Ihr PC mit einer Soundkarte ausgestattet? Dann haben Sie mit Fritz!vox einen hochleistungsfähigen ISDN-Anrufbeantworter, wie es ihn als einzelnes Gerät gar nicht gibt. Fritz!vox bietet unterschiedliche Ansagen zu verschiedenen Zeiten, besitzt die Möglichkeit der Fernabfrage und kann vorher festgelegte eingehende Rufnummern erkennen und dafür eine eigene Ansage aktivieren.

1 Starten Sie Fritz!vox und klicken Sie im *Vox*-Menü auf die Schaltfläche *Einstellungen*. Wählen Sie das Aufnahmeprofil aus, das Sie ändern wollen, oder erstellen Sie ein neues Profil. Im Aufnahmeprofil legen Sie die Ansage vor der Gesprächsaufzeichnung, die Absage nach der Gesprächsaufzeichnung, den Signalton, die maximale Aufnahmekapazität je Anruf und die Zeit vom ersten Klingelzeichen bis zum „Anspringen" fest.

Sie können selbstverständlich eigene Ansagen aufnehmen. Im *Vox*-Menü wählen Sie den Befehl *Audiodatei aufnehmen* an.

2 Auf der Registerkarte *Zeitprofile* können Sie festlegen, welches Aufnahmeprofil zu welcher Zeit aktiv sein soll. Geben Sie hier kein Zeitprofil ein, ist automatisch das auf der Registerkarte *Aufnahmeprofil* eingestellte Profil aktiv.

3 Der Anrufbeantworter ist damit aktiviert und nimmt gemäß Ihren Einstellungen Anrufe entgegen.

Der schönste Anrufbeantworter ist nichts wert, wenn Sie die eingegangenen Nachrichten nicht auch anhören können.

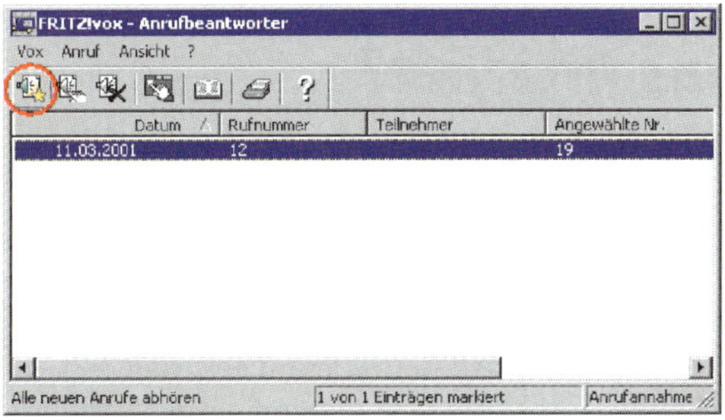

1 Wenn eine Nachricht hinterlassen wurde, meldet Fritz!vox das (je nach Einstellung) entweder durch ein Symbol in der Task-Leiste oder durch ein Meldungsfenster. Im *Anruf*-Menü klicken Sie auf den Befehl *Alle neuen*. Die eingegangenen Nachrichten werden der Reihenfolge nach wiedergegeben.

2 Alternativ klicken Sie auf eine der Nachrichten, die im Fenster zu sehen sind, und wählen im *Vox*-Menü *Anhören*. Sie können diese Nachrichten auch mit Bemerkungen versehen oder löschen.

Info

Tragen Sie die richtige Rufnummer ein

Auch Fritz!vox muss wissen, auf welcher MSN Anrufe entgegengenommen werden sollen. Die Nummer tragen Sie unter *Einstellungen* auf der Registerkarte *ISDN* ein. Und auch hier gilt: Ist die ISDN-Karte an die interne S_0-Schnittstelle einer ISDN-Anlage angeschlossen, tragen Sie eine interne Rufnummer der Anlage ein. (Sofern möglich, die gleiche Nummer wie das Telefon, das Fritz!vox überwachen soll.)

So schön die Möglichkeit ist, ohne weitere Zusatzgeräte Anrufe in Abwesenheit zu sammeln oder Faxe ohne Papier zu empfangen, einen Haken hat die Sache: Solange Ihr PC nicht eingeschaltet ist, funktioniert natürlich keines der Anwendungsprogramme. Der „faule" Dauerbetrieb eines Rechners kostet bekanntlich unnötig Strom und das ist im Endeffekt relativ teuer.

Mittlerweile gibt es Entwicklungen, die die ACPI-Stromsparfunktionen unterstützen und den im Standby-Modus befindlichen PC bei eingehenden Anrufen (Telefon oder Fax) „wecken" und später wieder „einschlafen" lassen. Doch die Wake-On-Ring-Startsequenzen (je nach Rechnerausstattung) dauern mitunter sehr lange. Bis der PC empfangsbereit ist, vergeht dem Anrufer oft die Lust, mit Ihnen (bzw. Ihrem Anrufbeantworter) zu sprechen.

Und wie komme ich ins Internet?

Na klar, wenn Ihr PC schon einen ISDN-Zugang hat, dann wollen Sie sicher auch ins Internet. Gerade mit der hohen Datenübertragungsrate, die man bei einem ISDN-Anschluss erzielt, sind die meisten Inhalte des World Wide Web in guter Geschwindigkeit erreichbar.

Es gibt eine Vielzahl von Onlinediensten und Internetprovidern, die den Zugang zum Internet anbieten. Diese stellen jeweils auch eigene Anwendungsprogramme oder eine auf den eigenen Zugang abgestimmte Standardsoftware (Microsoft Internet Explorer, Netscape Navigator o. Ä.) zur Verfügung, die eine möglichst schnelle Einwahl bieten.

So geht's ohne Anmeldung ins World Wide Web – Internet by Call

Mit Internet by Call entscheiden Sie von Fall zu Fall, über welchen Anbieter Sie sich ins Internet einwählen. Grundgebühren oder Mindestumsätze fallen nicht an. So können Sie die Stärken und Schwächen der einzelnen Anbieter sowie ihr eigenes Surfverhalten besser kennen lernen.

Und so richten Sie sich den Zugang zum Internetsurfen ohne Anmeldung und Grundgebühren ein:

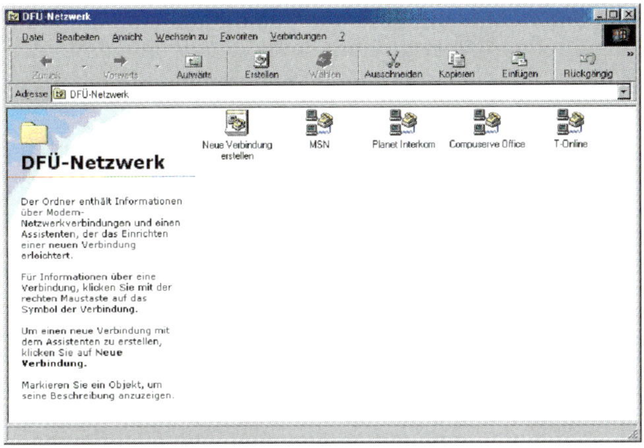

1 Auf dem Windows-Desktop im Ordner *Arbeitsplatz* finden Sie den Unterordner *DFÜ-Netzwerk*. Öffnen Sie ihn und klicken Sie auf *Neue Verbindung erstellen*. Folgen Sie nun dem Assistenten, der automatisch startet.

2 Geben Sie unter *Geben Sie den Namen für den angewählten Computer ein* Ihrer neuen Verbindung einen sinnvollen Namen, an dem Sie später sofort erkennen, über welchen Provider Sie den Weg ins Internet wählen, beispielsweise *Arcor by Call*.

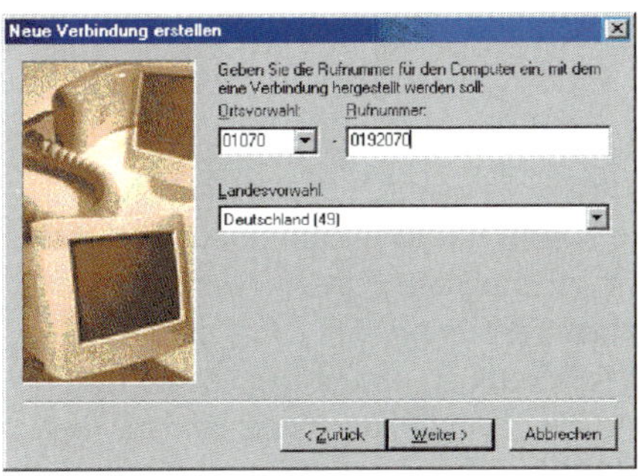

3 Haben Sie noch kein Gerät festgelegt, mit dem Sie die Verbindung aufbauen möchten, können Sie hier eine Auswahl treffen. In der Regel wird Ihre ISDN-Karte im Auswahlfeld angezeigt. Nach Abschluss der Installation erscheint im DFÜ-Ordner die neue Verbindung.

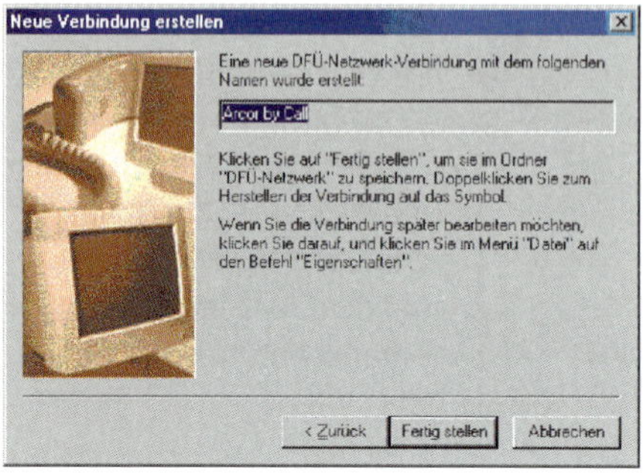

4 Nachdem Sie der Internetverbindung einen Namen gegeben haben, klicken Sie auf *Weiter* und geben als Nächstes die Rufnummer der Verbindung ein. Folgen Sie den Aufforderungen des Installations-Assistenten und schließen Sie den Vorgang mit einem Mausklick auf *Fertig stellen* ab.

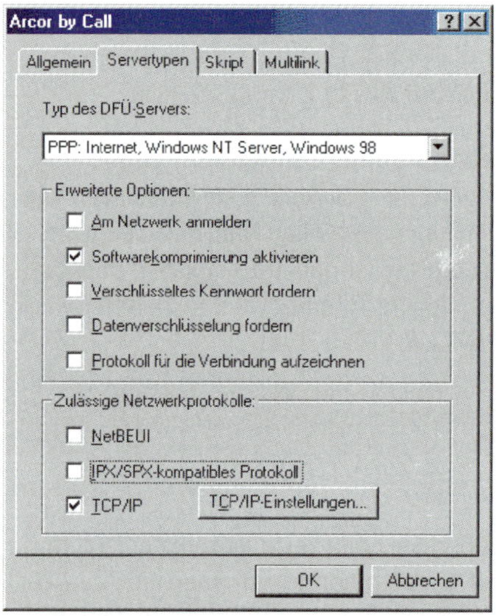

5 Um die Einstellungen anzupassen, müssen Sie in den Ordner *DFÜ-Netzwerk* zurückkehren. Dort finden Sie die soeben erstellte Internetverbindung mit dem von Ihnen gewählten Namen wieder. Klicken Sie mit der rechten Maustaste auf das Symbol der eingerichteten Verbindung und wählen Sie *Eigenschaften*. In dem folgenden Fenster wählen Sie die Registerkarte *Servertypen*. Entfernen Sie dort alle Häkchen, bis nur noch *Softwarekomprimierung aktivieren* und *TCP/IP* markiert sind. Bestätigen Sie Ihre Auswahl mit einem Klick auf *OK*.

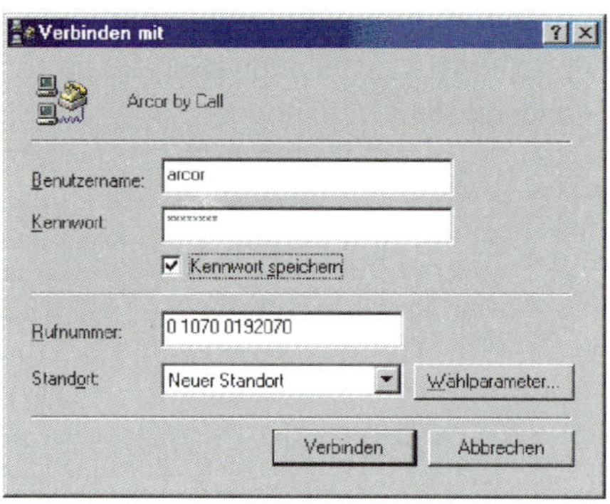

6 Kehren Sie nochmals in den Ordner *DFÜ-Netzwerk* zurück. Nach einem Doppelklick auf das Symbol Ihrer neuen Internetverbindung erscheint ein Fenster mit den Zugangsdaten. Hier geben Sie Ihren Benutzernamen und Ihr Kennwort ein. Wenn außer Ihnen noch andere Personen Zugriff auf Ihren PC haben, sollten Sie die Option *Kennwort speichern* nicht aktivieren. So verhindern Sie, dass andere auf Ihre Kosten surfen können.

7 Klicken Sie nun auf die Schaltfläche *Verbinden*. Sobald Sie mit dem Internet verbunden sind, können Sie mit Ihrem Browser – zum Beispiel mit dem Netscape Navigator oder dem Microsoft Internet Explorer – Ihren ersten Ausflug ins Internet starten.

8 Um eine bestehende Verbindung zu trennen, doppelklicken Sie auf das *DFÜ-Netzwerk*-Symbol (das mit den zwei Computern) in der Task-Leiste neben der Zeitanzeige. Im folgenden Fenster sehen Sie den Status der Verbindung. Mit einem Klick auf die Schaltfläche *Trennen* beenden Sie Ihre bestehende Verbindung.

9 Im Ordner *DFÜ-Netzwerk* öffnen Sie mit einem Doppelklick auf das jeweilige Symbol die installierte Verbindung, z. B. *Arcor by Call*. Nach erneuter Eingabe des Kennwortes klicken Sie auf die Schaltfläche *Verbinden* und schon sind Sie wieder im World Wide Web.

Klicken Sie mit der rechten Maustaste auf das Symbol der eingerichteten Verbindung und wählen Sie *Verknüpfung erstellen*. Jetzt wird eine Verknüpfung der Verbindung auf dem Desktop eingerichtet. Damit müssen Sie sich nicht mehr durch das DFÜ-Netzwerk klicken und sind schneller im Internet.

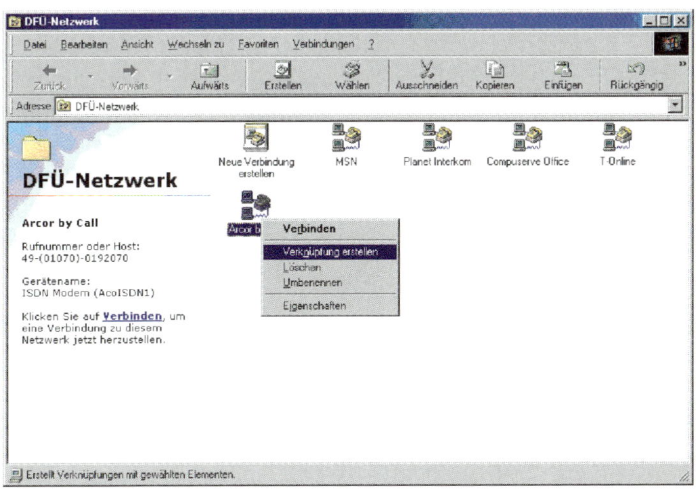

Mehr als nur Internet - Onlinedienste

Im Gegensatz zu reinen Internet-Providern bieten Onlinedienste neben einem besonders einfachen Zugang ins Internet auch eigene, redaktionell betreute Inhalte. Dieser Service ist allerdings ein wenig teurer. Weltweit hat **AO**nl**i**ne (AOL) die meisten Teilnehmer.

AOL ist in den Medien sehr präsent. Es vergeht kaum ein Monat, in dem nicht fast jeder Computerzeitschrift eine AOL-CD beiliegt. Darauf finden Sie die AOL-Zugangssoftware, mit der Sie sich bei AOL einige Stunden kostenfrei umsehen dürfen. Sie finden AOL auch im Internet unter www.aol.de. Interessant ist auch deren amerikanische Homepage www.aol.com.

Die vielen Möglichkeiten, die Sie bei AOL haben, sind in der DATA BECKER Schnellanleitung „AOL 6" ausführlich besprochen.

In Deutschland ist T-Online Marktführer und wird hier - exemplarisch auch für andere Onlinedienste - ausführlicher besprochen.

T-Online mit ISDN einrichten

1 Legen Sie die T-Online-CD in Ihr CD-ROM-Laufwerk. Die CD startet automatisch und Sie werden gefragt, ob Sie mit der T-Online-Präsentation oder mit der Installation beginnen möchten. Die Präsentation benötigt die Erweiterung QuickTime, um Videos, Animationen und Töne darstellen zu können. Falls dieser Zusatz auf Ihrem PC noch nicht eingerichtet ist, werden Sie automatisch gefragt, ob Sie QuickTime installieren möchten. Bestätigen Sie einfach mit *Ja* und starten Sie anschließend die CD-ROM erneut.

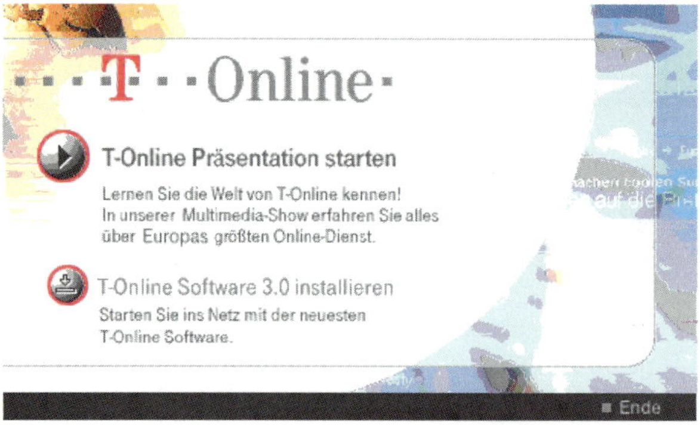

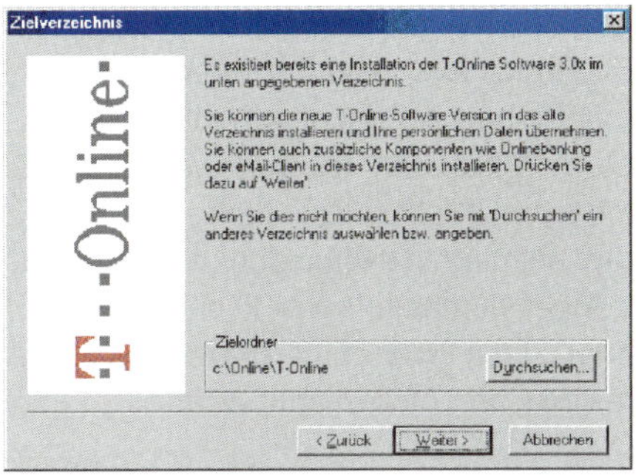

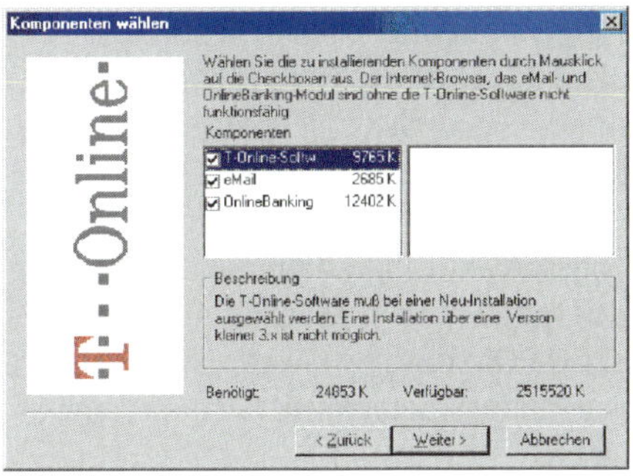

2 Wählen Sie nach dem Start der CD-ROM im Auswahlfenster das Optionsfeld *Aktuelle Zugangssoftware installieren* oder klicken Sie innerhalb der Präsentation auf die Schaltfläche *Anmeldung/Installation*. Lesen Sie sich die angezeigten Lizenzbedingungen durch und stimmen Sie mit *Ja* zu. Anschließend legen Sie fest, in welchen Ordner Sie die T-Online-Software installieren möchten. Am besten bestätigen Sie den vorgegebenen Ordner und klicken auf *Weiter*.

3 Im folgenden Fenster legen Sie die Komponenten fest, die Sie installieren wollen. Sie müssen mindestens *T-Online Softw.* auswählen, da dies die Grundlage für die Verbindung zu T-Online ist. Möchten Sie auch E-Mail und Onlinebanking über T-Online betreiben, installieren Sie die genannten Komponenten ebenfalls.

Mit der Komponente E-Mail verwalten Sie Ihre elektronische Post und empfangen und versenden E-Mails. Die T-Online-Komponente verfügt über einige nützliche Funktionen, die Sie bei anderen E-Mail-Programmen vergeblich suchen. Es ist empfehlenswert, wenn Sie diese Komponente installieren.

Die Komponente OnlineBanking ermöglicht Ihnen einen sicheren und komfortablen Zugriff auf Ihr Girokonto, sofern Sie diese Möglichkeit der Kontoführung mit Ihrem Geldinstitut vereinbart haben. Falls Sie OnlineBanking sofort oder später nutzen möchten, installieren Sie diese Komponente gleich mit.

4 Das Installationsprogramm fragt Sie, in welcher Programmgruppe des Startmenüs die Dateisymbole abgelegt werden sollen. Mit der nächsten Bestätigung werden die ausgewählten Softwarekomponenten auf Ihre Festplatte kopiert.

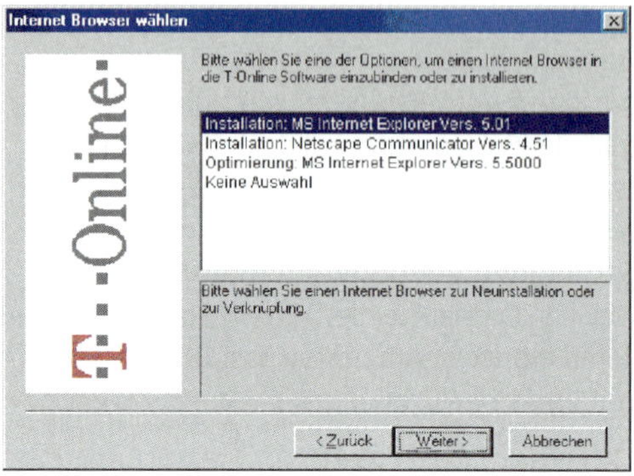

5 Das Installationsprogramm untersucht nun, ob auf Ihrer Festplatte bereits ein geeigneter Internetbrowser installiert ist. Im Fenster *Internet Browser wählen* können Sie festlegen, welcher dieser Browser beim Start einer Internetverbindung automatisch geöffnet werden soll. Hier können Sie auch einen neuen Browser installieren. Klicken Sie nach Ihrer Auswahl auf *Weiter*.

Mit dem Netscape Communicator und dem Microsoft Internet Explorer befinden sich auf der CD-ROM die beiden gängigsten Internetbrowser. Generell ist zu empfehlen, die Browser von der T-Online-CD-ROM zu installieren, da sie optimal auf die neue Zugangssoftware abgestimmt sind. Sie können auch später noch einen dieser Browser von der CD-ROM nachinstallieren, indem Sie das Installationsprogramm einfach von vorn beginnen.

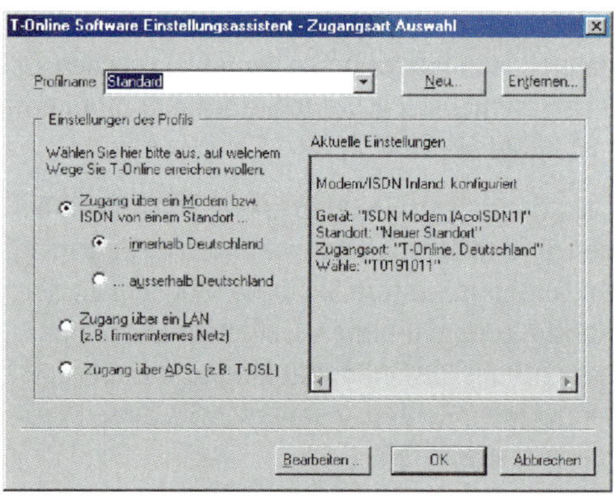

6 Damit Sie mit höchstmöglicher Geschwindigkeit Daten austauschen können, müssen die T-Online-Software, Ihr PC und die ISDN-Karte aufeinander abgestimmt werden. Der Einstellungs-Assistent fragt diese Einstellungen automatisch ab. Geben Sie an, dass Sie per ISDN-Karte mit dem Internet verbunden sind. Folgen Sie den Anweisungen des Installationsprogramms. Die verschiedenen Zugangsarten können Sie sofort oder später beim ersten T-Online-Programmstart konfigurieren.

Für jede Zugangsart wird ein eigenes Profil angelegt, sodass Sie über ein Pulldown-Menü zwischen den verschiedenen Zugängen wechseln können. So können Sie beispielsweise Ihren Laptop mit nur einem Klick von der Einwahl über die Netzwerk-Umgebung im Büro auf die Einwahl über Ihren ISDN-Anschluss zu Hause umstellen.

7 Das Installationsprogramm testet nun die vorhandenen Schnittstellen und versucht, die Zusammenarbeit mit Ihrer ISDN-Karte zu optimieren. Dieser Vorgang kann einige Minuten dauern. Das Programm baut eine Verbindung zu T-Online auf und trennt danach automatisch wieder die Verbindung.

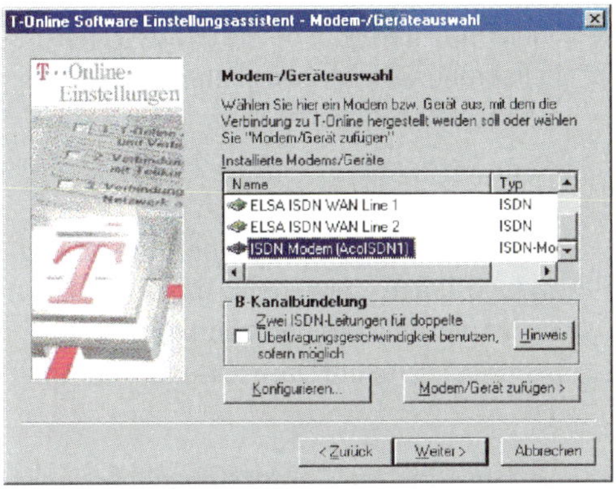

8 Sollte die automatische Konfiguration ausnahmsweise nicht erfolgreich verlaufen, können Sie Ihre ISDN-Karte auch manuell an die T-Online-Software anpassen. Das Programm bietet Ihnen eine Liste von Modems und ISDN-Karten an, aus denen Sie Ihre Karte auswählen.

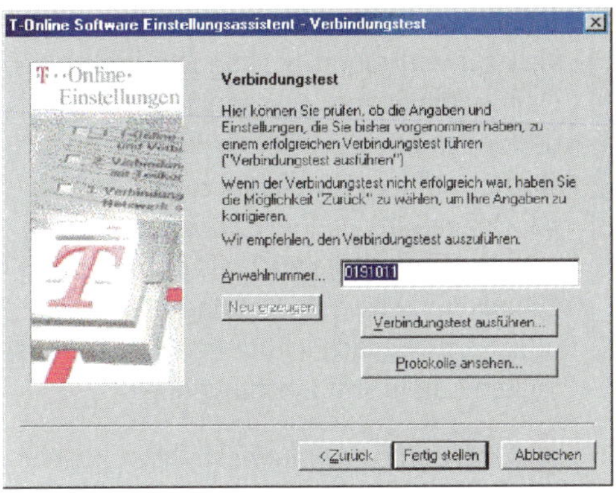

9 Anschließend geben Sie an, ob Ihre ISDN-Karte über eine Nebenstellenanlage mit dem öffentlichen Telefonnetz verbunden ist und ggf. welche Amtskennziffer gewählt werden soll. Danach tragen Sie die T-Online-Anwahlnummer ein. Klicken Sie abschließend auf *Fertig stellen* und starten Sie die T-Online-Software neu.

Jetzt steht Ihnen die ganze Welt von T-Online offen: Wählen Sie aus dem Startmenü die Programmgruppe *T-Online 3.0* aus und klicken Sie das T-Online-Symbol an. Damit öffnen Sie das T-Online-StartCenter. Es ist sozusagen die Schaltzentrale, von der aus Sie alle Funktionen der T-Online-Software einfach und schnell erreichen.

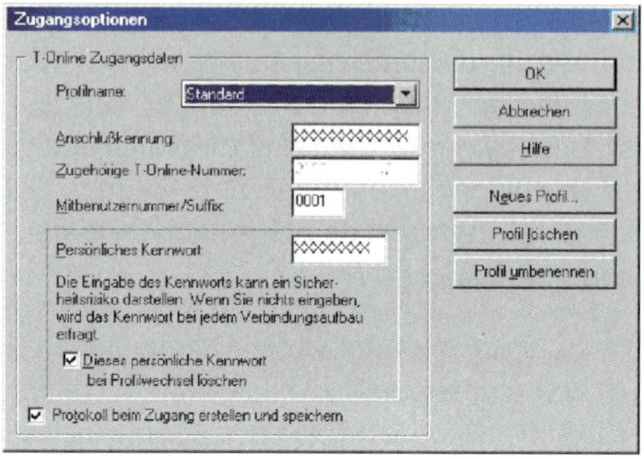

1 Im Dialogfenster, das nach dem Start der T-Online-Software erscheint, geben Sie Ihre T-Online-Zugangsdaten ein, die Sie zusammen mit Ihrem T-Online-Einsteiger-Paket per Einschreiben erhalten haben. Als Mitbenutzernummer/Suffix geben Sie „0001" ein. Sie können entscheiden, ob Sie an dieser Stelle auch Ihr persönliches Kennwort speichern möchten oder ob Sie es aus Sicherheitsgründen lieber bei jedem Verbindungsaufbau neu angeben wollen.

Wenn Sie bereits eine ältere T-Online-Software auf Ihrem PC eingesetzt haben, fragt Sie das Installationsprogramm, ob Sie deren Zugangsdaten übernehmen möchten. Geben Sie Ihr persönliches Kennwort ein – so können Sie die erneute Dateneingabe überspringen.

2 Über das StartCenter stehen Ihnen alle Möglichkeiten von T-Online mit einem Mausklick zur Verfügung. Sie können direkt zur T-Online-Homepage www.t-online.de und zu den verschiedenen T-Online-Portalen durchstarten, auf Ihre E-Mail-Box zugreifen oder per OnlineBanking Ihre Bankgeschäfte tätigen. Hier finden Sie auch die einzelnen T-Online-Produkte, z. B. WebMail, FreeSMS oder E-Mail-Benachrichtigung sowie die wichtigsten Administrationsfunktionen.

3 Über den Punkt *Internet trennen* können Sie die Verbindung jederzeit wieder unterbrechen.

Was Sie nun alles in T-Online finden und wie Sie Ihren Zugang optimal nutzen, ist in der DATA BECKER Schnellanleitung „T-Online 3" ausführlich beschrieben.

Internetzugang mit Anmeldung

Wenn Sie genau wissen, wie oft und wann Sie surfen, wählen Sie ein attraktives Angebot eines Internetproviders (Cityweb, Comundo, Freenet, Talkline u. a.) mit Grundgebühr oder Mindestumsatz aus. Solche Angebote lohnen sich aber nur, wenn Sie häufig online sind, denn die monatlichen Fixkosten bezahlen Sie auch, wenn Sie das Internet nicht nutzen, z. B. im Urlaub.

Wollen Sie lediglich E-Mails abrufen, ist ein Provider mit sekundengenauer Abrechnung empfehlenswert, selbst wenn die Minutenpreise etwas höher liegen. Wenn Sie dagegen regelmäßig mehr als ca. 50 Stunden pro Monat online sind, kann sich eine so genannte Flatrate, bei der alle Kosten in einem monatlichen Pauschalbetrag abgegolten werden, für Sie lohnen.

Info

Flatrates

Im Februar 2001, kurz vor Drucklegung des Buchs, hat die **Reg**ulierungsbehörde für **T**elekommunikation und **P**ost (RegTP) die Flatrates „untersagt". Zurzeit hat also kein Internetprovider oder Onlinedienst einen Pauschaltarif im Angebot. Es ist aber damit zu rechnen, dass Flatrates wieder eingeführt oder ähnliche attraktive Tarife für Vielsurfer angeboten werden.

Im Gegensatz zu den Onlinediensten, die ihre eigene Software haben, müssen Sie bei Internetprovidern ohne eigene Angebote einen vorhandenen (oder neu zu installierenden) Internetbrowser auf den Internetzugang einstellen. Oft erhält man von „seinem" Internetprovider eine CD-ROM, auf der sich ein Internetbrowser befindet, zusammen mit einem Installationsprogramm, das automatisch die Einstellungen für den Internetzugang vornimmt, sodass Sie nur wenig beachten müssen.

So tunen Sie Ihren Internetzugang

Haben Sie sich für einen Internetzugang über einen Internetprovider entschieden, dann müssen Sie den Internetbrowser von Hand auf den Zugang einstellen, es sei denn, das Installationsprogramm der CD-ROM des Internetproviders erledigt das. Wenn Sie einen vorhandenen Internetbrowser benutzen wollen, müssen Sie die Einstellungen von Hand vornehmen.

Neben dem Microsoft Internet Explorer (der Bestandteil der aktuellen Windows-Betriebssysteme ist) ist der Netscape Navigator bzw. der Netscape Communicator der bekannteste Internetbrowser.

Netscape Navigator/Netscape Communicator

Proxy-Einstellungen: Die meisten Provider (z. B. Arcor, MSN, Viag Interkom) benutzen keine Proxy-Server, sondern haben direkten Zugriff auf das Internet. Um Daten aus dem Internet empfangen zu können, sind folgende Einstellungen notwendig:

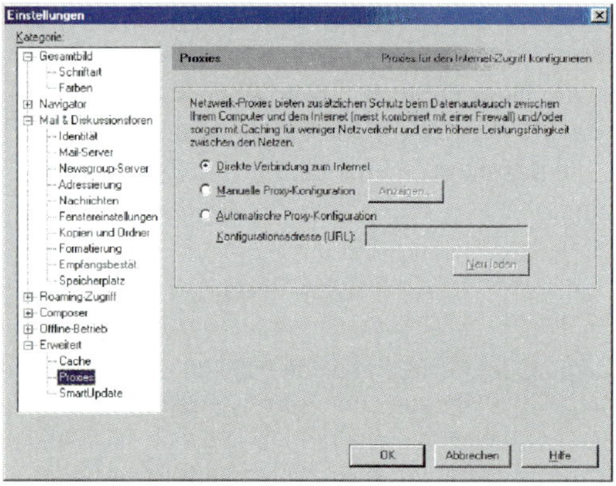

1 Im *Bearbeiten*-Menü klicken Sie auf *Einstellungen.* Im *Kategorie*-Baum klicken Sie auf das kleine + vor *Erweitert.*

2 Wählen Sie *Proxies*, aktivieren Sie das Kontrollkästchen *Direkte Verbindung zum Internet* und bestätigen Sie Ihre Auswahl mit *OK.*

E-Mail-Einstellungen: Im *Bearbeiten*-Menü klicken Sie auf *Einstellungen.* Im *Kategorie*-Baum klicken Sie auf das kleine + vor *Mail & Diskussionsforen.*

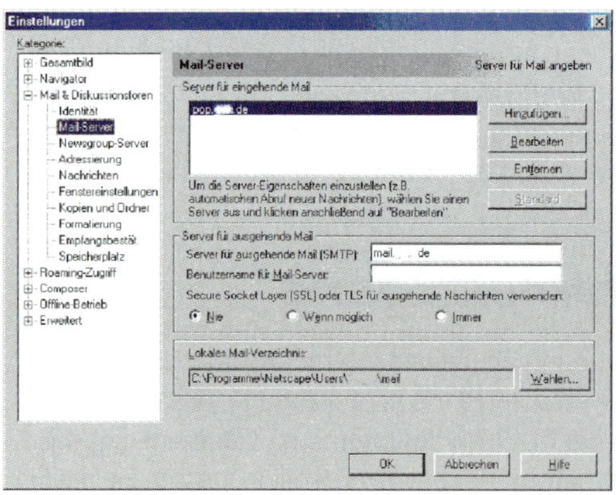

1 Wählen Sie als Erstes *Mail-Server* aus. Hier tragen Sie Ihren Mail-Benutzernamen ein, im Allgemeinen eine Benutzernummer oder Ihre E-Mail-Adresse, z. B. hans.mueller@provider.de.

2 Zusätzlich müssen noch die beiden Server für aus- und eingehende E-Mails eingetragen werden. Den POP3-Server (für eingehende E-Mails) richten Sie über die Schaltfläche *Hinzufügen* ein, etwa in der Form pop3.provider.de. Den SMTP-Server (für ausgehende E-Mails) tragen Sie in die entsprechende Zeile ein, z. B. smtp.provider.de. Was Sie genau eintragen müssen, erfahren Sie von Ihrem Provider.

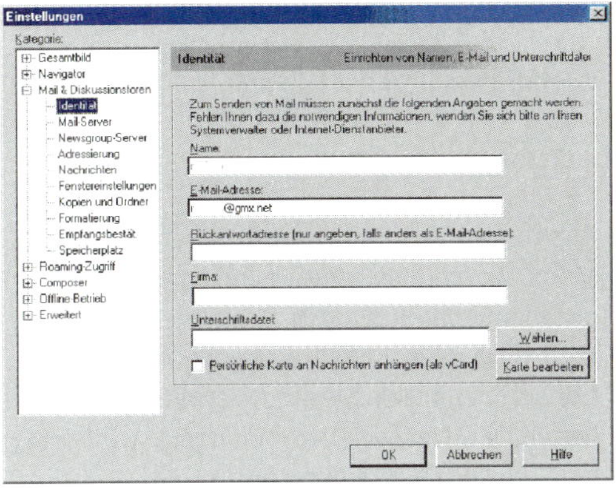

3 Wählen Sie dann im *Kategorie*-Baum *Identität* aus. Unter *Name* tragen Sie Ihren richtigen Vor- und Zunamen oder den Namen Ihrer Firma oder Organisation ein. Der Name wird beim Empfänger Ihrer E-Mails im Klartext als Absendername angezeigt.

4 Unter *E-Mail-Adresse* tragen Sie Ihren Benutzernamen (Ihre E-Mail-Adresse) in Kleinbuchstaben mit dem Anhang @provider.de ein, z. B. hans.mueller@provider.de. Ihre E-Mail-Adresse wird beim Empfänger als Absenderadresse angezeigt. *Rückantwortadresse* kann leer gelassen werden, wenn die Antwort auf Ihre E-Mail nicht an eine andere Adresse gesendet werden soll.

5 Alle anderen Felder und Einstellungsmöglichkeiten, die Ihnen in den *Mail & Diskussionsforen*-Einstellungen angeboten werden, können Sie individuell einstellen. Im Allgemeinen sind die „Werkeinstellungen" korrekt und sollten nicht geändert werden. Ändern Sie auf keinen Fall die von Netscape vorgeschlagenen Datei- und Ordnernamen.

Startseite einstellen: Um eine bestimmte Internetseite als Startseite von Netscape einzustellen, verfahren Sie wie folgt:

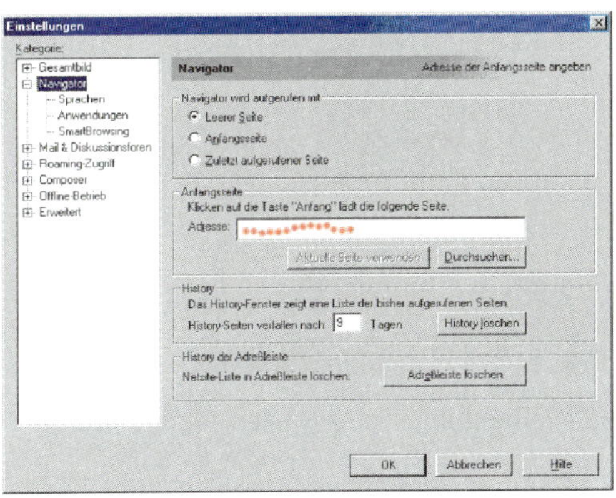

1 Im *Bearbeiten*-Menü klicken Sie auf *Einstellungen*, im *Kategorie*-Baum auf das kleine + vor *Navigator.*

2 Dann klicken Sie auf das Kontrollkästchen *Anfangsseite* und tragen bei *Adresse* die Internetadresse der Seite ein, die beim Start des Netscape Navigator bzw. des Netscape Communicator geladen werden soll. Das kann z. B. die Homepage Ihres Internetproviders sein.

Internet Explorer

Für die Einstellungen starten Sie das Programm Internet Explorer.

Proxy-Einstellungen:

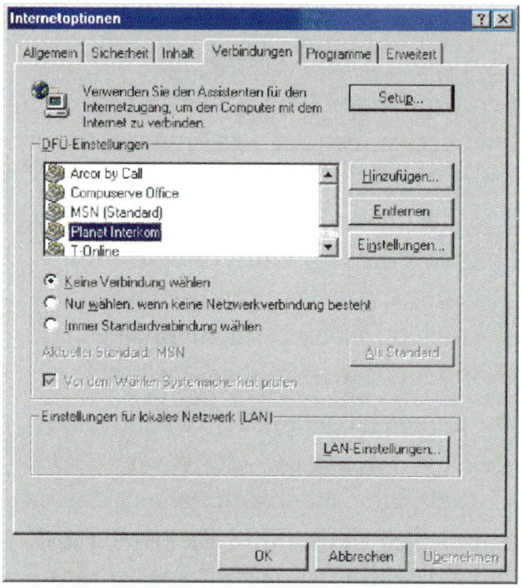

1 Klicken Sie im Internet Explorer im *Ansicht*-Menü auf *Internetoptionen* und dann auf die Registerkarte *Verbindungen*. Beim Internet Explorer 5 klicken Sie im *Extras*-Menü auf *Internetoptionen*. Hier finden Sie eine Auswahl aller installierten DFÜ-Netzwerkverbindungen. Wählen Sie hier Ihre DFÜ-Verbindung aus.

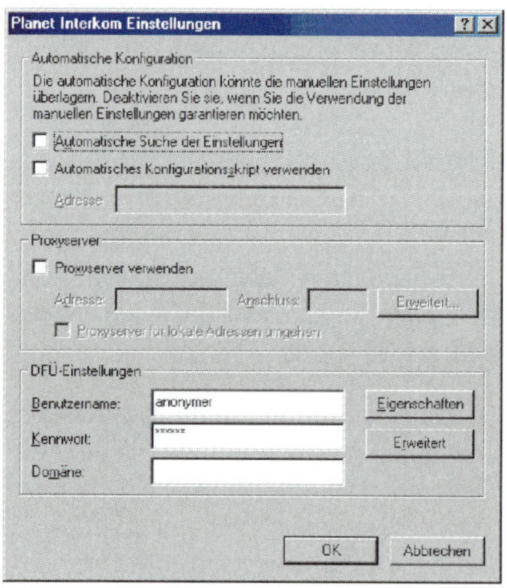

2 Klicken Sie auf *Einstellungen*. Deaktivieren Sie das Kontrollkästchen *Proxyserver verwenden* (kein Haken) und klicken Sie dann auf *OK*.

E-Mail-Einstellungen: Um Ihre E-Mail-Verbindungen einzustellen, starten Sie das Programm Outlook Express.

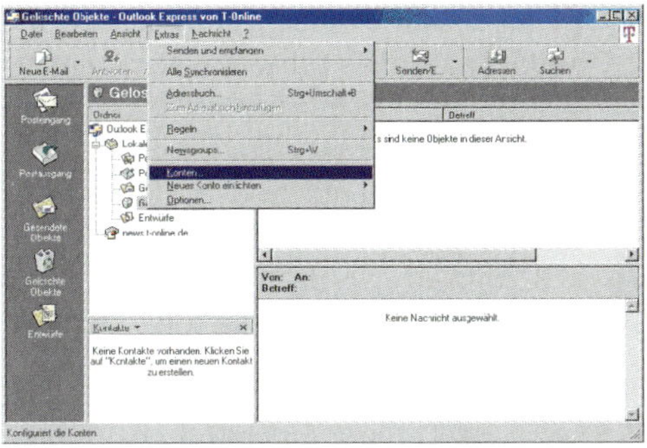

1 Im *Extras*-Menü wählen Sie *Konten* aus.

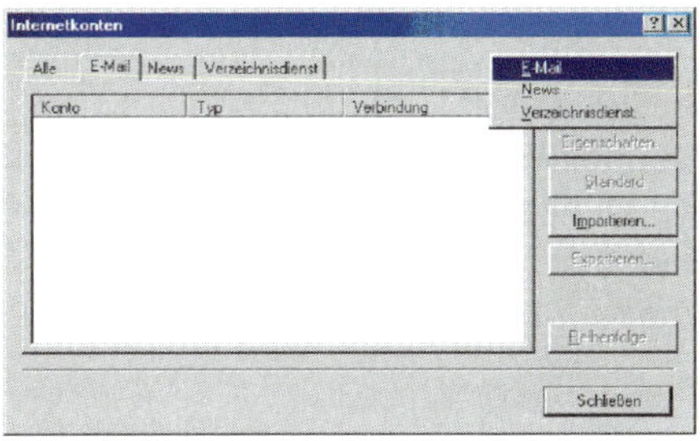

2 Wählen Sie nun die Registerkarte *E-Mail* aus. Klicken Sie dann auf *Hinzufügen* und anschließend auf *E-Mail*. Der Mail-Konto-Assistent führt Sie nun komfortabel, unter Angabe von Beispielen, durch die verbleibenden Einstellungen.

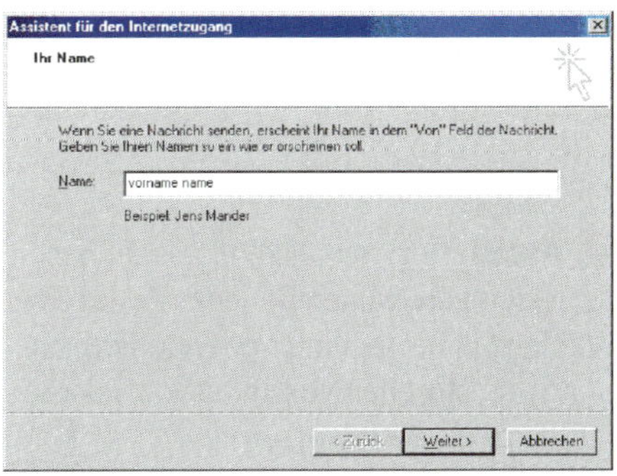

3 Tragen Sie unter *Name* Ihren richtigen Namen ein oder den Namen Ihrer Organisation oder Firma. Dieser Name wird beim Empfänger im Klartext als Absendername angezeigt.

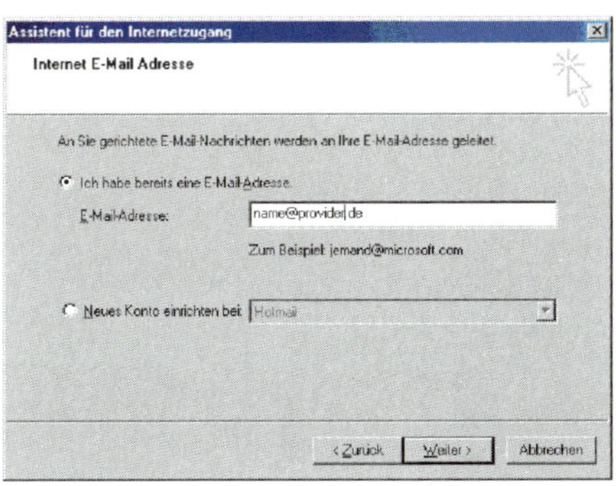

4 Unter *Internet E-Mail Adresse* tragen Sie Ihren Benutzernamen (Ihre E-Mail-Adresse) in Kleinbuchstaben mit dem Anhang @provider.de ein, z. B. hans.mueller@provider.de. Ihre E-Mail-Adresse wird beim Empfänger als Absenderadresse angezeigt.

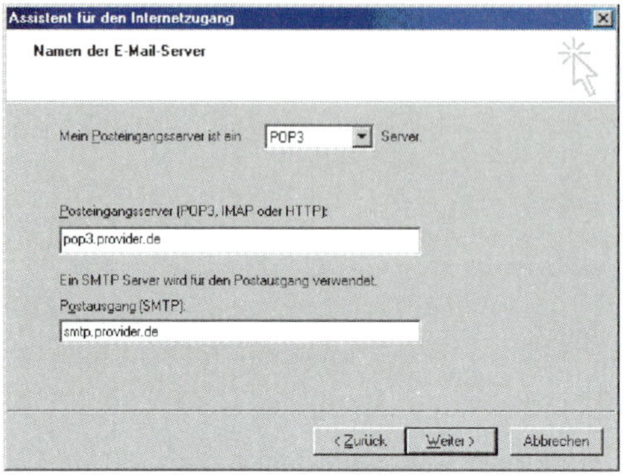

5 Anschließend tragen Sie die beiden Server für aus- und eingehende E-Mails ein. Der POP3-Server (für eingehende E-Mails) wird in der Form pop3.provider.de eingetragen. Den SMTP-Server (für ausgehende E-Mails) tragen Sie in die entsprechende Zeile ein, z. B. smtp.provider.de. Was Sie genau eintragen müssen, erfahren Sie von Ihrem Provider.

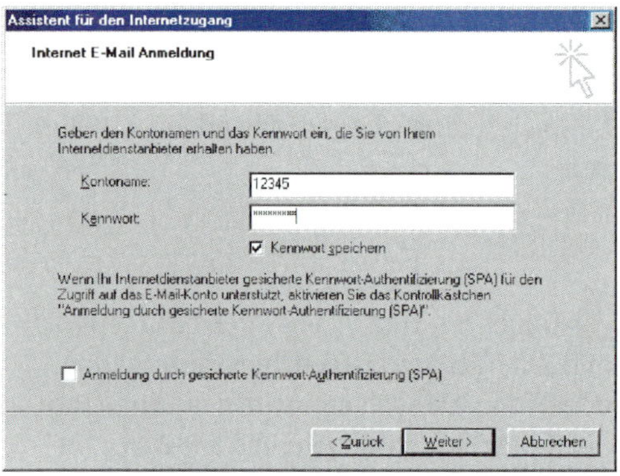

6 Bei *Internet E-Mail Anmeldung* tragen Sie unter *Kontoname* Ihren Benutzernamen ein, im Allgemeinen eine Benutzernummer. Hier können Sie auch Ihr Kennwort für den Zugang zu Ihrem E-Mail-Konto abspeichern.

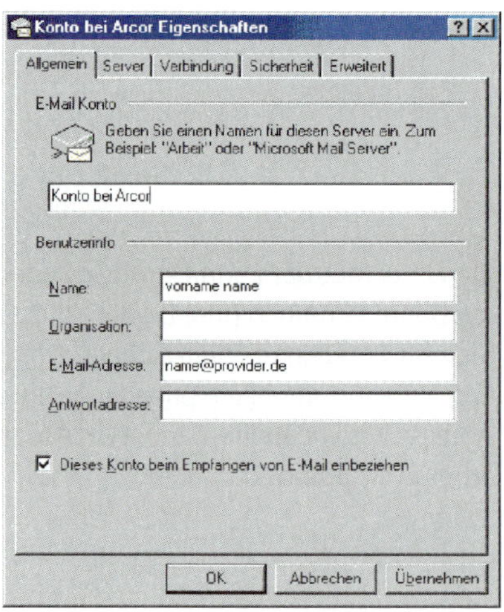

7 Auf der Registerkarte *Allgemein* geben Sie jetzt einen Namen für jedes Konto ein. Wählen Sie besser eine treffende Bezeichnung aus, statt den Vorschlag vom Assistenten zu akzeptieren.

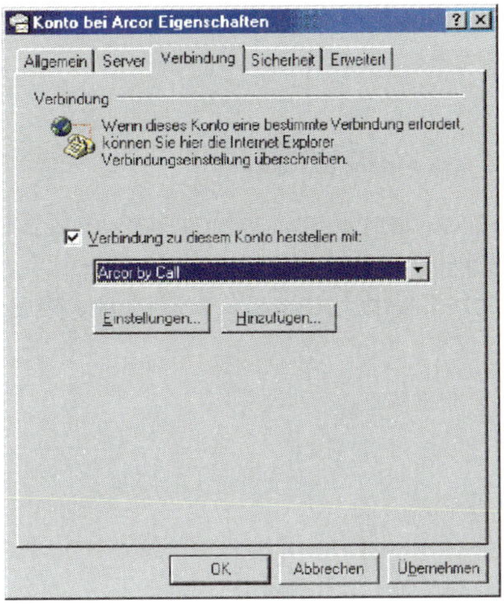

8 Klicken Sie die Registerkarte *Verbindung* an. Es ist sinnvoll, *Über das lokale Netzwerk verbinden* zu aktivieren. Outlook Express wählt sich auch dann automatisch ein, wenn Sie bei den Internetoptionen des Internet Explorer bei *Verbindungen* einen DFÜ-Netzwerkeintrag für die automatische Verbindung ausgewählt haben.

Ihr Mail-Konto ist jetzt einsatzbereit. Sie können nun über die entsprechenden Schaltflächen von Outlook Express E-Mails versenden und empfangen.

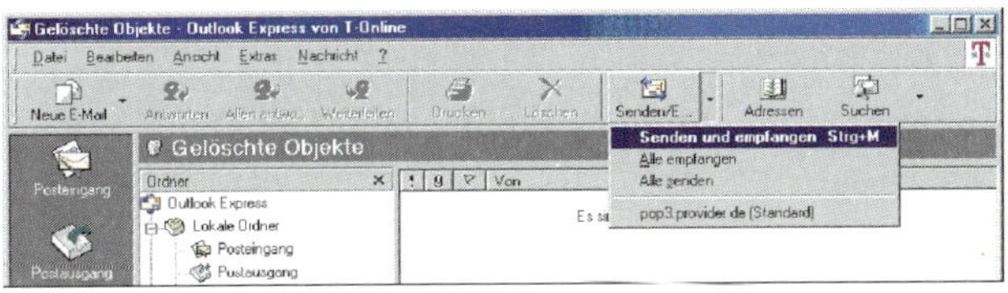

Einstellen der Startseite: Um eine bestimmte Internetseite als Startseite des Internet Explorer einzustellen, verfahren Sie wie folgt:

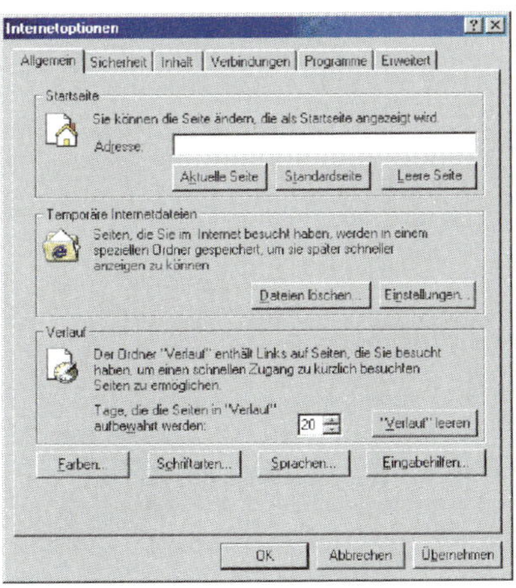

1 Im *Extras*-Menü wählen Sie *Internetoptionen* aus und klicken auf die Registerkarte *Allgemein*.

2 Tragen Sie dort die Internetadresse der Seite ein, die beim Starten des Internet Explorer geladen werden soll. Das kann z. B. die Homepage Ihres Internetproviders sein. Wenn Sie die Schaltfläche *Leere Seite* anklicken, wird der Eintrag gelöscht und der Internet Explorer startet, ohne eine Seite zu laden.

In der DATA BECKER Schnellanleitung „Anonym und sicher surfen" finden Sie viele weitere Informationen über das Internet.

Geht es im Internet noch schneller als mit ISDN?

Wenn Ihnen das Surfen über ISDN zu langsam ist, dann kommen Sie mit einem DSL-Zugang zwölfmal schneller ins Netz. Der Datenturbo wird mittlerweile von fast allen großen Providern/Onlinediensten angeboten. Leider steht DSL noch nicht flächendeckend zur Verfügung.

DSL - Highspeed-Zugang zum Internet

DSL - schon wieder ein neues Schlagwort in der Telekommunikationsbranche. Unter **D**igital **S**ubscriber **L**ine versteht man eine von AT&T entwickelte Datenübertragungstechnik, mit der auf gewöhnlichen zweiadrigen Telefonleitungen Übertragungsraten von bis zu 8 MBit/s vom Provider zum Kunden und bis zu 768 KBit/s - theoretisch sechsmal so schnell wie zwei gebündelte ISDN-Kanäle (128 KBit/s) - vom Kunden zum Provider erreicht wurden. Die Datenübertragungsrate ist aber sehr stark von der Entfernung zwischen Vermittlungsstelle und Teilnehmer abhängig - je weiter entfernt, desto geringer die Geschwindigkeit.

Mit der Einführung der DSL-Technologien ergeben sich für Telefongesellschaften Vorteile: Die benötigten Doppeladern von der Vermittlungsstelle zum Teilnehmer sind fast überall vorhanden, sodass die meisten Haushalte ohne großen Aufwand mit einem DSL-Zugang ausgestattet werden können. Die Bandbreite lässt sich dabei in weiten Grenzen variieren, um die unterschiedlichen Ansprüche von Privat- und Geschäftskunden zu bedienen. Außerdem wird durch die DSL-Technik die konventionelle Vermittlungstechnik von der zunehmenden Last des Datentransfers befreit. In der Vermittlungsstelle sitzt nämlich eine Art Splitter, der das Telefonnetz (ISDN) vom DSL-Kanal trennt und die Datenpakete an der Vermittlungsstelle vorbeiführt.

Ein technisch besonders einfach realisierbarer DSL-Zugang ist ADSL (**A**symmetric **D**igital **S**ubscriber **L**ine). Die DSL-Anbieter setzen daher fast ausschließlich auf ADSL. T-DSL ist der Produktname der Deutschen Telekom AG für ihre ADSL-Dienstleistungen und -Produkte.

Für den Privatanwender ist derzeit DSL nur als Zugang zum Internet beziehungsweise zu Onlinediensten, insbesondere zu T-Online, möglich. Sie können leider keine Direktverbindung von Ihrem mit DSL-Zugang ausgestatteten PC zu einem anderen ebenso ausgestatteten PC aufbauen und direkt Daten austauschen. In Zukunft soll so etwas möglich sein, allerdings wird das wahrscheinlich technisch anders realisiert als bei den heute verfügbaren DSL-Anschlüssen.

Das Besondere an DSL: Es ist ein völlig eigenständiges Netz und hat unmittelbar nichts mit ISDN oder dem alten Telefonnetz zu tun. In der Vermittlungsstelle wird Ihr DSL-Zugang auf Ihren ISDN-Anschluss „aufgesetzt", sodass bis in Ihr Haus keine neuen Leitungen gelegt werden müssen. Bei Ihnen wird das DSL-Signal durch ein spezielles Gerät, den Splitter, wieder vom ISDN-Signal getrennt, sodass Sie beide

Netze unabhängig voneinander gleichzeitig nutzen können. Sie haben auf diese Weise eine dritte „Leitung" nur für das Onlinesurfen zur Verfügung und müssen keine ISDN-Kanäle dafür opfern.

Wie schnell ist DSL?

Der T-DSL-Anschluss für private Kunden ermöglicht Geschwindigkeiten von bis zu 768.000 Bit/s vom Internet zum PC (Downstream). Das ist 30-mal schneller als ein 28.800-Bit/s-Modem bzw. zwölfmal schneller als ISDN bei Nutzung eines B-Kanals (64 KBit/s). In Gegenrichtung (Upstream) läuft die Datenübertragung nur mit 128 KBit/s. Das entspricht immerhin der Geschwindigkeit, die Sie mit ISDN hätten, wenn Sie beide verfügbaren Kanäle gleichzeitig belegen.

Das Verhältnis 768 KBit/s Downstream zu 128 KBit/s Upstream ist nicht technisch bedingt, es wäre auch eine Gleichverteilung der Datenübertragungsgeschwindigkeiten denkbar. Aber man entschied sich für diese Verteilung aus der Beobachtung heraus, dass die Anwender wesentlich mehr Daten herunterladen als sie selbst ins Internet schicken.

Anders als bei einer Verbindung zu einer Mailbox hat der Benutzer nicht die volle Bandbreite für sich allein zur Verfügung: Wenn der angesprochene Internetserver mit einer 64-KBit/s-Standleitung ans Internet angebunden ist, muss sich der Benutzer diese Bandbreite mit allen anderen Benutzern teilen, die zu dieser Zeit auf den Server zugreifen.

Ginge es noch schneller? Ja, technisch wären bei DSL sogar noch deutlich höhere Datenübertragungsraten denkbar. Bei einer Entfernung zwischen Teilnehmer und Vermittlungsstelle von bis zu 1 km wären bis zu 8 MBit/s möglich. Freigeschaltet werden derzeit aber nur Bandbreiten bis zu 6 MBit/s für Geschäftskunden (T-Interconnect-DSL). Diese Anschlüsse sind aber auch deutlich teurer als die T-DSL-Anschlüsse für Privatanwender.

Ein Wort an die Onlinespieler unter den Lesern: Aufgrund der technisch anderen Realisierung des DSL-Netzes, insbesondere anderer Protokolle und Fehlerkorrekturen als beim ISDN, sind die Antwortzeiten (Pings) sogar etwas schlechter als beim ISDN. Man sollte sich als Onlinespieler mit anderen Anwendern austauschen, ob sich die Einrichtung des DSL-Anschlusses lohnt. Onlinespieler sollten bei der Telekom einen so genannten FastPath bestellen: Durch die veränderte Protokollierung wird zwar eventuell die Bitfehlerrate erhöht und somit der Gesamtdurchsatz gesenkt, aber der Ping, also die Antwortzeit, wird dadurch verkürzt. Leider ist der FastPath bei der Telekom umstritten und wird nicht immer genehmigt.

Ist DSL besser als ISDN?

DSL und ISDN sind zwei verschiedene Disziplinen in der Olympiade der Telekommunikationsdienste. Grundsätzlich gilt: ISDN kann alles, und zwar gut. DSL kann nur eines, das aber sehr viel besser – genauer gesagt: schneller – als ISDN.

Wenn Sie im Internet nur gelegentlich surfen und nur wenige Dateien herunterladen, werden Sie von der Geschwindigkeit des DSL keinen großen Vorteil haben. Die Anschaffung – schließlich auch eine Kostenfrage – wird sich dann für Sie nicht lohnen.

Sind Sie ein Internetjunkie, der sich ständig MBytes an Software aus dem World Wide Web saugt? Dann wird Ihnen ein DSL-Anschluss sicher viel Spaß machen. So richtig lohnt es sich aber wirklich erst, wenn Sie monatlich etliche Hundert MByte transferieren.

Ein anderer Aspekt sind noch die derzeitigen Tarife: Für eine Modem- oder ISDN-Verbindung benötigt die Telekom konventionelle Telefonvermittlungstechnik, diese Technik bindet einen Sprachkanal für die gesamte Zeit der Onlineverbindung. Die DSL-Technik geht aber in eine andere Richtung, der Teilnehmer kann permanent über DSL mit der Vermittlungsstelle verbunden bleiben und nutzt dort nur die Bandbreite, die er gerade benötigt. Die **Reg**ulierungsbehörde für **T**elekommunikation und **P**ost (RegTP) hat kurz vor Drucklegung dieses Buchs die Flatrates (Angebote der Internetprovider und Onlinedienste zu einem monatlichen Pauschalpreis) für analoge und ISDN-Teilnehmer „untersagt" und nur noch für DSL-Anschlüsse weiterhin genehmigt. Bei Onlinezeiten ab etwa 50 Stunden/Monat rechnet sich die DSL-Flatrate im Vergleich zu anderen T-Online-Tarifen.

Ein weiteres Argument für DSL: Es bleiben die Nutzkanäle Ihres ISDN-Anschlusses frei. Die Frau kann noch telefonieren, während der Mann stundenlang surft. Für alle anderen Kommunikationsdienste (wie Telefonieren, Faxen, Euro File Transfer und so weiter) kann DSL gar nicht bzw. nur über den Umweg Internet benutzt werden.

Was kostet denn ein DSL-Anschluss für T-Online?

Bei den Kosten für die Nutzung von T-Online über T-DSL unterscheidet man zwei Bereiche: auf der einen Seite die Kosten für die Einrichtung und den Betrieb des Anschlusses und auf der anderen Seite die Nutzungsentgelte von T-Online. Je nach Art und Tarif des ISDN-Anschlusses, auf den Sie T-DSL aufsetzen wollen, entstehen Ihnen monatliche Kosten zwischen € 7,61 und € 10,18 zusätzlich zu den Kosten des

ISDN-Anschlusses. Es gibt auch Kombinationsangebote, bei denen der ISDN-Anschluss gemeinsam mit dem DSL-Anschluss beauftragt wird, dadurch wird das Ganze noch etwas preiswerter. Allerdings sind die beiden Anschlüsse dann vertraglich miteinander gekoppelt: Kombipakete haben besonders lange Mindestvertragslaufzeiten.

Das einmalige Bereitstellungsentgelt beträgt € 51,57, wenn Sie den Anschluss selbst einrichten und den NTBBA selbst montieren. Haben Sie bislang einen analogen Telefonanschluss und beauftragen den T-DSL-Anschluss zusammen mit T-ISDN, fällt das Bereitstellungsentgelt von € 51,57 nur einmal an.

Bei T-Online gibt es derzeit sieben verschiedene Tarife: Je höher das monatliche Grundentgelt ist, desto niedriger sind die eigentlichen Nutzungskosten. Die Tarife sind unabhängig davon, ob Sie sich über Modem, ISDN oder DSL in T-Online einwählen. Einzige Ausnahme ist T-Online dsl flat: Man zahlt eine Pauschale von derzeit € 25,05 und kann dafür so lange über den DSL-Zugang surfen, wie man möchte. Wählen Sie sich allerdings mit Ihrem Account über einen anderen Zugang als über DSL ein, bezahlen Sie ein Nutzungsentgelt von rund 1,5 ct pro Minute.

Andere Tarife sind tageszeitabhängig: der eine ist abends und nachts günstiger, der andere tagsüber. Hier gilt das Gleiche wie für Mobilfunktarife: Der Tarif sollte möglichst gut zu Ihrem tatsächlichen Internetnutzungsverhalten passen.

Wie bei ISDN gilt auch hier: Die Tarife befinden sich in einem ständigen Fluss. Über die jeweils aktuellen Kosten informieren Sie sich beim DSL-Netzbetreiber.

Warum kann mit DSL nicht telefoniert werden?

Im ISDN wird eine Verbindung über einen Nutzkanal aufgebaut und über diesen Kanal werden in einem ununterbrochenen Fluss Daten übertragen. Dazu gehören auch die Sprachdaten beim Telefonieren und so weiter. Diese Art der Datenübertragung nennt man leitungsvermittelt. Bei DSL besteht eine dauernde Verbindung zum Netz, aber die Daten fließen nicht ständig. Sie werden vielmehr als Datenpakete bereitgestellt und bei freier Kapazität im Netz zugestellt bzw. abgeholt – dann natürlich sehr schnell. Diese Art der Datenübertragung heißt paketvermittelt.

Überblick DSL-Komponenten

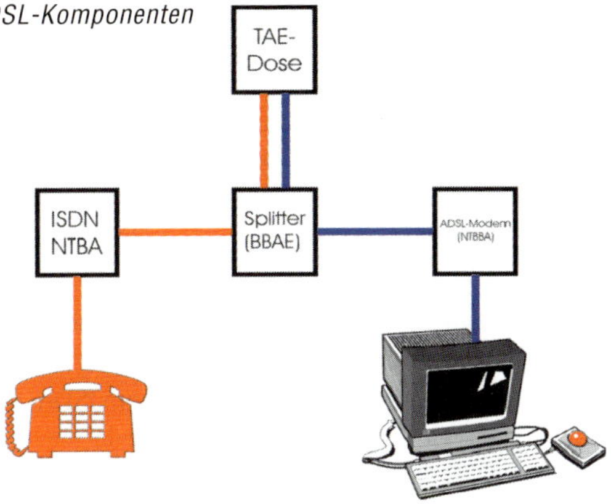

Eine Telefonverbindung erfordert einen kontinuierlichen Datenfluss, wie er nur bei leitungsvermittelter Übertragung möglich ist. Sonst wäre die Verbindung sehr abgehackt und Sie könnten nur die Hälfte von dem verstehen, was Ihr Partner sagt, und umgekehrt. Auch wenn DSL um ein Vielfaches schneller ist als ISDN, ist die Verzögerung bei der paketvermittelten Datenübertragung so groß, dass eine Telefonverbindung über DSL nicht möglich ist.

Indirekt ist aber Telefonieren im DSL doch möglich. Das Zauberwort heißt **V**oice **o**ver **IP** (VoIP). Allerdings können Sie nicht Ihr Telefon am DSL-Anschluss anklemmen und fröhlich drauflostelefonieren. Der Zugang erfolgt über Ihren Internetanbieter und erfordert zusätzlich eine spezielle Ausrüstung, mindestens jedoch eine Soundkarte mit dazugehörigem Telefonhörer oder Ähnlichem. Die Sprache wird digital kodiert und datenreduziert, damit eine einigermaßen sichere und verzögerungsarme Übertragung möglich ist. Die Qualität der Übertragung wird eher schlechter sein als bei konventionellen Telefonverbindungen. Also wozu überhaupt über DSL telefonieren? Der Geschwindigkeitsvorteil von DSL kommt nämlich wegen der paketvermittelten Datenübertragung für die Telefonie überhaupt nicht zum Tragen.

So wird aus dem ISDN-Anschluss ein ISDN-DSL-Anschluss

DSL kann nicht als eigenständiger Anschluss betrieben werden. Er muss auf jeden Fall auf einen bestehenden oder gleichzeitig zu errichtenden ISDN- oder analogen Telefonanschluss aufgeschaltet werden.

Info

Wo beauftragen?

Ähnlich wie einen ISDN-Anschluss können Sie einen T-DSL-Anschluss entweder bei der Telekom in einem T-Punkt direkt beauftragen oder bei einem kompetenten Fachhändler. Auch für einen DSL-Anschluss bekommt er eine Vergütung, die er meistens auf den Preis der Geräte anrechnet. Eine Netzwerkkarte, die Sie für DSL auf jeden Fall benötigen, sollte allemal drin sein.

Für T-DSL gibt es kein spezielles Auftragsformular. Heute wird DSL mit dem gleichen Formular beauftragt, das auch für einen ISDN-Anschluss benötigt wird. Und natürlich können Sie einen DSL-Anschluss gleichzeitig mit einem ISDN-Anschluss beauftragen.

Wie bei der Beauftragung eines ISDN-Anschlusses gilt auch hier: Vermeiden Sie Formfehler und verhindern Sie damit, dass Ihr Auftrag nur verzögert oder gar nicht bearbeitet werden kann.

Die persönlichen Daten (Name, Adresse, Standortanschrift, Kundennummer und so weiter) sollten so vollständig wie möglich angegeben werden. Auch der Terminwunsch wird nach Möglichkeit von der Telekom eingehalten. Geben Sie deshalb ein möglichst realistisches Datum an.

Info

Wie lange dauert die Einrichtung eines DSL-Zugangs?

Zum Zeitpunkt der Drucklegung dieses Buchs lagen bei der Telekom mehrere Hunderttausend DSL-Aufträge unbearbeitet „auf Halde". Der Telekom fehl(t)en derzeit die technischen Ressourcen, allen Auftraggebern den gewünschten DSL-Anschluss rechtzeitig einzurichten.

In einigen Großstädten ist das T-DSL-Netz bereits vorhanden und die Einrichtung des DSL-Zugangs sollte relativ zügig gehen, wenngleich auch hier noch von „einigen Wochen Wartezeit" gesprochen wird. Außerhalb der Großstädte ist das DSL-Netz nur vereinzelt verfügbar, aber man arbeitet mit Hochdruck daran, das Netz bundesweit aufzubauen. Rechnen Sie derzeit mit Wartezeiten von mehreren Monaten.

Man spricht von einem weitgehenden Netzausbau bis zum Ende des Jahres 2001. Lediglich in dünn bevölkerten Gebieten wird das DSL-Netz - vor allem aus technischen Gründen - wahrscheinlich erst später oder nie verfügbar sein.

Unter *Bestehender Anschluss* kreuzen Sie an, welchen Anschluss Sie bereits haben, auf den Sie den DSL-Anschluss aufschalten wollen. Bei *Gewünschte Anschlüsse des Kunden* markieren Sie einfach den gewünschten DSL-Anschluss.

Da Sie bereits mit der Einrichtung von ISDN-Geräten vertraut sind, wird Ihnen auch der DSL-Anschluss keine Schwierigkeiten bereiten. Kreuzen Sie also den *NTBBA zur Selbstmontage auf Rufnummer xxx* an und sparen Sie sich – wie beim NTBA zur Selbstmontage – die Kosten für den Telekom-Techniker.

Sie können auf dem Formular auch gleich den Telekom-Onlinedienst T-Online mit beauftragen. Wenn Sie schon T-Online-Kunde sind, brauchen Sie natürlich keinen weiteren Onlinezugang.

Datum, Unterschrift und abgeben – damit ist Ihr DSL-Auftrag erteilt.

Die Auftragsbestätigung

Ähnlich wie bei Ihrem ISDN-Anschluss bekommen Sie eine Auftragsbestätigung für Ihren DSL-Anschluss. Vorher wird Ihnen mitgeteilt, dass die technischen Möglichkeiten für Ihren DSL-Zugang geprüft werden. Die Breitband-Datenübertragung via DSL stellt nämlich ganz besondere Ansprüche an die Qualität der Telefonleitungen zwischen der Vermittlungsstelle und Ihrem Haus. Das wird von der Telekom geprüft, gegebenenfalls kommt zu Ihnen ein Techniker, der die Leitungen durchmisst. Schließlich muss der Netzbetreiber die Zuverlässigkeit des DSL-Anschlusses, insbesondere die Datenübertragungsrate, garantieren können.

Erst wenn der Techniker die Leitung untersucht und für gut befunden hat, wird Ihr Auftrag weiterbearbeitet. Dann erhalten Sie die Auftragsbestätigung, und rechtzeitig vor dem Einrichtungstermin sollten Sie sowohl den DSL-Splitter als auch das DSL-Modem bekommen. Nur für die Netzwerkkarte in Ihrem PC müssen Sie selbst sorgen.

Falls die Leitungen von der Vermittlungsstelle zu Ihnen nicht den Qualitätsansprüchen des DSL genügen, wird Ihnen das unverblümt mitgeteilt. Das ist aber meistens nur der Fall, wenn Ihre Wohnung mehrere Kilometer von der Vermittlungsstelle entfernt ist. Die Telekom wird dann die Einrichtung des DSL-Anschlusses bei Ihnen ablehnen. Haben Sie dafür Verständnis: Es geht nicht um Ihre Person. Ihnen ist schließlich nicht geholfen, wenn Ihr DSL-Anschluss wegen mangelhafter Leitungsqualität nicht zuverlässig arbeiten kann.

Splitter, DSL-Modem und Netzwerkkarte - So kommt der PC zu Highspeed

Der T-DSL-Zugang stellt einige Anforderungen an die Hardware Ihres Computers. Allerdings sind diese Anforderungen nach heutigen Maßstäben eher niedrig, und wie immer gilt: Je leistungsfähiger Ihr Rechner ist, desto schneller und zuverlässiger arbeiten Sie damit. Ihr PC sollte also mindestens einen Prozessor Pentium 133 MHz oder höher, 32 MByte Arbeitsspeicher, eine Grafikkarte mit mindestens 2 MByte RAM, mindestens 20 MByte freien Festplattenplatz und einen freien PCI-Steckplatz haben. Ferner sollte für die Installation die Betriebssystem-Installations-CD (z. B. Windows 98) vorliegen.

Für die Einrichtung des DSL-Anschlusses benötigen Sie:

- eine Netzwerkkarte mit mindestens 10 MBit/s und RJ45-Buchse (TP-Anschluss)
- den DSL-Splitter, der Ihnen vom Netzbetreiber zur Verfügung gestellt wurde. (Er dient zur Trennung des DSL-Signals vom ISDN-Signal.)
- das DSL-Modem

Der Splitter ...

... oder kurz BBAE (**B**reit**b**and-**A**nschluss**e**inheit) dient zur Trennung in das ADSL- und das Telefonsignal. Der Splitter wird auf der einen Seite mit der Telefondose verbunden. Bei einem analogen Anschluss kann man das Telefon direkt in den Splitter einstecken - bei einem ISDN-Anschluss wird der NTBA an den Splitter angeschlossen. In beiden Fällen kann man gleichzeitig via DSL im Internet surfen und telefonieren.

Montage mit konfektionierten Kabeln

Ziehen Sie den TAE-Stecker des NTBA aus der Telefondose und stecken Sie ihn in die mittlere TAE-Dose des Splitters. Das Kabel des Splitters stecken Sie nun in die Telefondose, an der vorher der NTBA angeschlossen war. Der Splitter benötigt keine eigene Stromversorgung.

Anschluss ohne Stecker

Man kann den Splitter auch ohne Stecker und Telefondose anschließen. Dafür ist die Klappe unten zu öffnen. Ganz links unter der Klappe gibt es die Anschlüsse a und b für die ankommende Amtsleitung. Unter der Klappe rechts gibt es die beiden Anschlüsse NTBBA a und b – also auch nur zwei Adern Richtung NTBBA.

Das ADSL-Modem

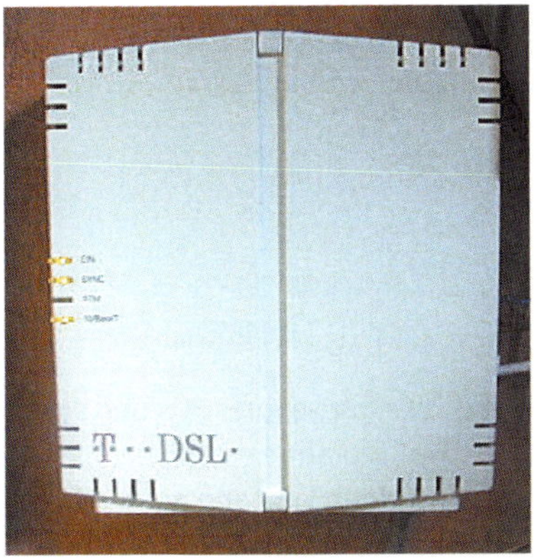

Das ADSL-Modem oder kurz NTBBA (**N**etzwerk**t**erminationspunkt **B**reit**b**and**a**ngebot) gibt es in verschiedenen Ausführungen von verschiedenen Herstellern. Der Anschluss an den Rechner erfolgt über eine Standard-Ethernet-Verbindung (10 MBit/s). Für den Anschluss sollte man das mitgelieferte Patch-Kabel verwenden: Diesem Patch-Kabel fehlen bei einzelnen Modellen absichtlich Leitungen, mit denen das ADSL-Modem versehentlich umprogrammiert werden könnte.

Info

Modem nachts ausschalten?

Obwohl man das Modem bei ausgeschaltetem Computer nicht benötigt und es ja Strom verbraucht, sollte man es dennoch nachts nicht abschalten: Die Telekom prüft zyklisch die Erreichbarkeit des Modems beim Kunden; sollte das Modem in diesem Moment nicht betriebsbereit sein, wird der Anschluss zum Teilnehmer vorübergehend deaktiviert. (Das Gleiche passiert übrigens auch bei ISDN-Anschlüssen, wenn man für längere Zeit den NTBA nicht ans Telefonnetz anschließt.)

Sollte aber mal kein DSL-Zugang möglich sein, kann man ruhig den Computer herunterfahren, das Netzwerkkabel vom NTBAA abziehen und den NTBAA vom Netz trennen, einen Moment warten und dann alles wieder in Betrieb nehmen.

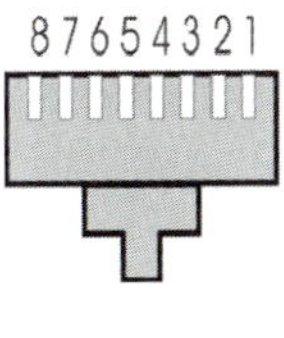

RJ45 Stecker von vorn

Oft ist der ISDN-Anschluss, zusammen mit der ISDN-Telefonanlage, im Keller installiert – der Computer aber im Arbeitszimmer, z. B. im Dachgeschoss. Bei dieser Konstellation empfiehlt es sich, den Splitter im Keller zu montieren und über zwei freie Telefonadern mit dem DSL-Modem im Arbeitszimmer zu verbinden.

Am Splitter kann unter einer Klappe das Kabel direkt montiert werden. Manche DSL-Modems haben keine Klemmanschlüsse. Dort empfiehlt sich die Montage einer UAE-Anschlussdose neben dem Modem. Das Modem kann dann über ein Patch-Kabel mit dieser Dose verbunden werden. Beschaltet sind nur die beiden innersten Kontakte 4 und 5 der UAE-Anschlussdose.

Die Netzwerkkarte

Ihr PC benötigt für den DSL-Zugang jetzt nur noch eine Netzwerkkarte. Der Einbau der Karte erfolgt ähnlich wie bei anderen Einbaukarten:

1 Öffnen Sie das Gehäuse Ihres PCs und suchen Sie auf der Hauptplatine einen geeigneten Steckplatz aus. Entfernen Sie dann an der Rückseite des Gehäuses das Slotblech und setzen Sie die Netzwerkkarte ein. Die Karte muss bündig an der Gehäuserückseite abschließen und mit einer Schraube fixiert werden. Anschließend schrauben Sie den PC wieder zu.

2 Verbinden Sie die Netzwerkkarte mit dem (im Lieferumfang des DSL-Modems enthaltenen) Patch-Kabel mit dem DSL-Modem. Das Betriebssystem erkennt die neue Hardware automatisch und fragt nach dem Pfad zu den dazugehörigen Treibern. Geben Sie den Pfad zu dem mit der Netzwerkkarte gelieferten Datenträger (Diskette oder CD) an. Bei dieser Gelegenheit werden auch die benötigten Protokolle (TCP/IP) installiert, dafür wird die Betriebssystem-CD benötigt.

DSL im Netzwerk

Man kann das DSL-Modem an einem Uplink-Port eines Netzwerk-Hubs anschließen. Diese Methode hat aber zwei Nachteile: Es kann immer nur ein PC zur gleichen Zeit online sein und es müssen die PPPoE-Treiber auf jedem Netzwerk-PC installiert sein.

Komfortabler ist es, wenn man einen PC als Server einrichtet und die anderen PCs darüber DSL nutzen. Am einfachsten geht das mit Windows 98 Second Edition, Windows ME oder Windows 2000: In diesen Betriebssystemen gibt es die Internetverbindungsfreigabe.

Alternativ gibt es verschiedene, frei erhältliche Proxies, die für den Hausgebrauch völlig ausreichen. Für den professionellen Einsatz sollte eher eine Lösung wie Microsoft Proxy Server, Squid oder Ähnliches auf einem separaten Proxy-Rechner oder ein Hardware-Proxy (Zyxel, Elsa, Cisco) verwendet werden.

Sicherheit

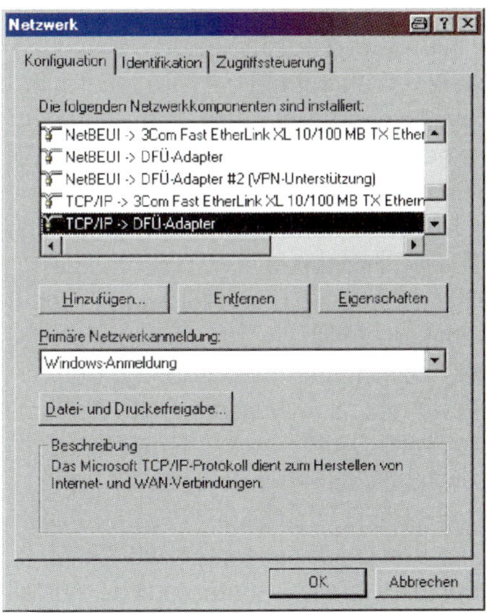

Bei der Verwendung einer DFÜ-Netzwerkeinwahl in Verbindung mit der Datei- und Druckerfreigabe für Microsoft-Netzwerke auf einem einzigen Rechner mit Windows 95, Windows 98, Windows 98 Second Edition und Windows ME beachten Sie unbedingt: Auf keinen Fall darf bei den Kontrollkästchen der *Datei- und Druckerfreigabe für Microsoft-Netzwerke* ein Häkchen sein. Auch das Häkchen bei *Client für Microsoft-Netzwerke* sollten Sie entfernen. Wenn dann noch die Datei (Verzeichnis)-Freigaben mit Zugriff auf Freigabeebene (Standard bei den Windows-Betriebssystemen!) eingestellt sind, kann jeder im Internet nicht nur die freigegebenen Verzeichnisse sehen, sondern sogar löschen bzw. neue Dateien erzeugen oder vorhandene überschreiben. Allerdings bedeutet die Deaktivierung der *Datei-*

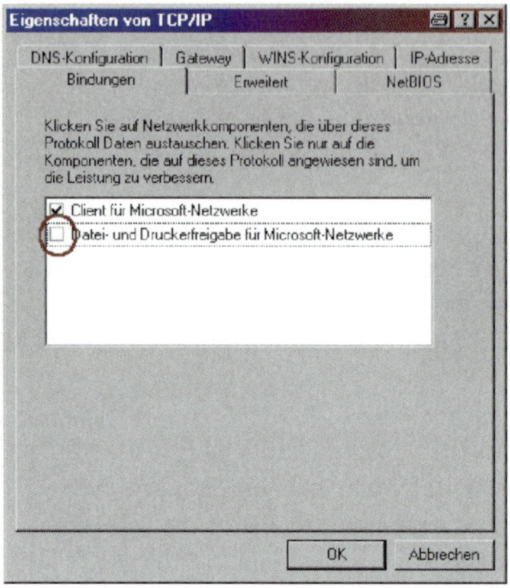

und Druckerfreigabe für Microsoft-Netzwerke auch, dass der Rechner seine Laufwerke oder Drucker nicht mehr anderen Rechnern im Netzwerk zur Verfügung stellen kann. Mehr Sicherheit für Rechner in einem Netzwerk bietet ein Hardware-DSL-Router.

Der Router

Ein Hardware-Router wie z. B. der LANCOM DSL I-10 Office wird mit dem NTBBA und einem Netzwerk-Hub verbunden und ermöglicht somit die Nutzung des vorhandenen DSL-Anschlusses für ein ganzes Netzwerk. Im Router werden die Zugangsdaten für den Provider hinterlegt, der Router baut dann selbstständig die Verbindung zum Internet auf, sobald ein Rechner im Netzwerk darauf zugreift. Die Benutzung eines Routers macht eine spezielle Softwareansteuerung bei den einzelnen Clients, wie z. B. RasPPPoE, MacPoET, cFos/DSL usw., überflüssig. Man kann somit durch **N**etwork **A**ddress **T**ranslation (NAT) mehrere PCs gleichzeitig via DSL in das Internet einwählen. Der Vorteil eines solchen T-DSL-Routers: Unterschiedliche Betriebssystem-Plattformen bzw. Rechnertypen (MacOS, OS/2, Linux, BeOS, UNIX, Windows, Amiga, Archimedes, UNIX-Workstations usw.) können unter dem Netzwerkprotokoll TCP/IP eine DSL-Verbindung für das Internet benutzen. Abhängig vom Router kann sich so eine beliebige Anzahl von Clients in das Internet einwählen. Einige Router bieten außer PPPoE für T-DSL eine Fülle von weiteren Leistungsmerkmalen, u. a. die so genannte LANCAPI (z. B. fürs Faxen und Homebanking) für ISDN. Der ELSA DSL I-10-Router kann bei Ausfall der DSL-Verbindung eine alternative Verbindung über ISDN aufbauen. Achten Sie

auf jeden Fall auf die Geschäftsbedingungen Ihres Providers, meist ist eine gleichzeitige Verwendung des Internetzugangs durch mehrere Benutzer nicht erlaubt.

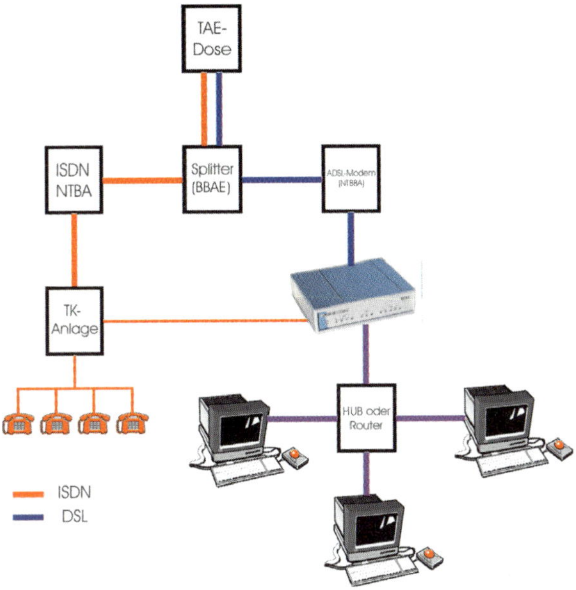

Software

Wenn Sie T-Online und Windows benutzen, haben Sie die Wahl zwischen der T-Online-Software oder alternativen DSL-Treibern. Wenn Sie ein anderes Betriebssystem haben, müssen Sie auf die alternativen Treiber zurückgreifen. Der Vorteil bei der T-Online-Software: Die Installation läuft fast automatisch ab und Sie müssen sich nicht um die Einstellungen und Kleinigkeiten kümmern. Seit dem 1. Dezember 2000 bietet die T-Online-Software 3.0 die einzige Möglichkeit, über DSL auf T-Online Classic (CEPT) zuzugreifen. Das benötigen Sie z. B. für Verbindungsdatenabfragen unter *92# oder Ähnliches.

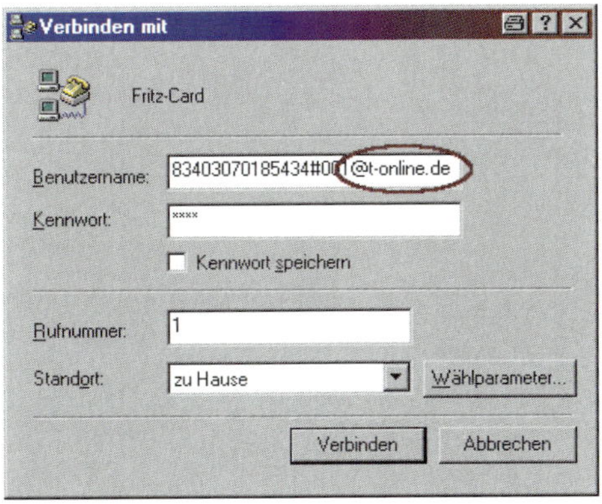

Wenn Sie keine CEPT-Unterstützung benötigen, können Sie auch einen alternativen Treiber benutzen. Das setzt allerdings einige Windows-Kenntnisse voraus.

Die Einwahl in T-Online mit dem DFÜ-Netzwerk über DSL erfolgt genauso, wie das von der Einwahl mit Modem oder ISDN bekannt ist. Nur der Benutzername erhält noch ein angehängtes @t-online.de. Wenn Sie ein Problem mit der T-Online-Software haben, dann sollten Sie diese ganz löschen. Deinstallieren Sie die Software nur über *Systemsteuerung/Software* und löschen Sie nicht einfach das Verzeichnis. Danach installieren Sie die T-Online-3.0-Software erneut. Wenn Sie mit RASPPPOE Probleme haben, entfernen Sie *PPP over Ethernet Miniport/PPP over Ethernet Protocol* aus dem Menü *Start/Einstellungen/Systemsteuerung/Netzwerk*.

Weitere Informationen

Weitere Informationen zum Thema „DSL" finden Sie hier:

- Die T-DSL-Hotline der Telekom: 0800 330 9009.
- Wenn Sie das Plug-In Macromedia Flash-Player in Ihrem Browser haben, können Sie sich hier eine Installationsanleitung anschauen: www.dtag.de/bedienungsanleitung/t-dsl.
- Unter www.t-online.de/service/index/dslsvxaa.htm können Sie online überprüfen, ob T-DSL bei Ihnen bereits verfügbar ist.
- In den Internetdiskussionsforen finden Sie zum Thema „DSL" die Newsgroups de.comm.technik.dsl oder t-online.zugang.adsl. Letztere ist nur für T-Online-Benutzer zu erreichen.

Telefonieren mit ISDN – Komfortabel und vielseitig

Sie haben es bei der Lektüre dieses Buchs sicher schon bemerkt: ISDN ist sehr vielseitig und auch das normale Telefonieren im ISDN ist irgendwie anders. Sie können auch Ihre (alten) analogen Telefone, angeschlossen an ein entsprechendes ISDN-Gerät, im ISDN benutzen und haben sogar ein bisschen mehr Komfort als früher (abhängig vom ISDN-Gerät, an dem die Telefone angeschlossen sind).

Aber erst mit einem ISDN-Telefon haben Sie das Vergnügen, alle ISDN-Leistungsmerkmale angenehm nutzen zu können. Selbst preiswerte ISDN-Telefone bieten schon etliche ISDN-Möglichkeiten. Das Gros der ISDN-Telefone schöpfen die Möglichkeiten eines ISDN-Anschlusses schon umfassend aus. Und in der Oberklasse bekommen Sie ISDN-Multifunktionstelefone, die über die ISDN-Leistungsmerkmale hinaus mit allen denkbaren Zusatzfunktionen ausgestattet sein können.

Mein Telefon ist digital! – ISDN wird komfortabel

Auf den ersten Blick unterscheiden sich ISDN-Telefone kaum von ihren analogen „Schwestern". Manche Hersteller haben sogar zum Verwechseln ähnliche Modelle für ISDN und für den analogen Telefonanschluss im Lieferprogramm. Man kann mit einem ISDN-Telefon doch auch nur telefonieren – warum also ein ISDN-Telefon?

Der Unterschied liegt in der Technik der Geräte: Ein analoges Telefon hat nur einen Kanal, nämlich die „Telefonleitung", über den sowohl die Gespräche als auch Steuersignale (insbesondere Wählen und Klingeln) geführt werden. Einem ISDN-Telefon stehen dagegen zwei Kanäle nur für Gespräche und ein dritter Kanal nur für die Steuerung zur Verfügung.

Schließen Sie ein analoges Telefon an einen ISDN-a/b-Wandler oder an eine ISDN-Telefonanlage an, setzt das ISDN-Gerät alle Signale auf dem einen analogen Kanal in Daten um, die für das ISDN verständlich sind, und umgekehrt wandelt es die ISDN-Daten, soweit möglich, in analoge Signale. Insbesondere trennt es die Sprachsignale von den Steuersignalen, die über Tastencodes an das ISDN-Gerät übermittelt werden.

Ein ISDN-Telefon hält die Nutzkanäle für die Übertragung der Sprache frei und übermittelt alle Befehle (Steuersignale) auf dem D-Kanal. Die Befehle für die Nutzung der ISDN-Leistungsmerkmale werden nicht mit Ziffernkombinationen übermittelt (mit Ausnahme der anzurufenden Nummer) und in der Vermittlungsstelle „übersetzt". Für jedes ISDN-Leistungsmerkmal gibt es einen bestimmten Befehl, der direkt ausgelöst und umgesetzt wird.

Auf dem D-Kanal werden aber nicht nur Steuerdaten vom ISDN-Telefon zur Vermittlungsstelle versandt, sondern auch umgekehrt. Die Vermittlungsstelle kann vor oder auch während eines Gesprächs Informationen an das ISDN-Telefon senden. Ein analoges Telefon kann nur wenige Informationen (Klingeln und ggf. die Anzeige der eingehenden Rufnummer) und diese nur vor einem Gespräch empfangen. Während eines Gesprächs sind die Informationen auf den Anklopfton bei einem zweiten ankommenden Anruf reduziert.

Für den Anwender eines ISDN-Telefons bedeutet das, er kann alle ISDN-Leistungsmerkmale direkt nutzen, sofern das Telefon diese unterstützt und der ISDN-Anschluss diese Leistungsmerkmale zur Verfügung stellt. Einige Tasten an ISDN-Telefonen sind für bestimmte ISDN-Funktionen ab Werk vorgesehen oder können nach den Wünschen des Anwenders mit bestimmten Funktionen belegt werden. Andere ISDN-Leistungsmerkmale können über eine Menüstruktur, ähnlich wie bei PC-Programmen, ausgelöst werden. Manche ISDN-Leistungsmerkmale sind nur in bestimmten Situationen sinnvoll: Viele ISDN-Telefone stellen solche Leistungsmerkmale situationsbezogen auf so genannten Softkeys – deren Bedeutung sich also von Fall zu Fall ändert – zur Verfügung.

Gibt es ISDN-Telefone mit noch mehr Komfort?

Es wäre schade, wenn ISDN-Telefone nur ISDN könnten. Selbst in der mittleren Preisklasse sind ISDN-Telefone mit Sonderfunktionen ausgestattet, die über das Leistungsspektrum des ISDN hinausgehen.

Viele ISDN-Telefone haben zum Beispiel eine Lauthör- und Freisprecheinrichtung, mit der Sie telefonieren können, ohne den Hörer in die Hand zu nehmen. Manchmal ist auch eine Sprechgarnitur, also eine Kopfhörer/Mikrofon-Kombination, anschließbar. Gerade Vieltelefonierer schätzen den Komfort, den solche Headsets bieten. (Qualitativ gute Headsets sind allerdings nicht ganz billig: € 95,00 oder mehr müssten Sie schon investieren.)

Es liegt geradezu auf der Hand, ein Telefon direkt mit einem Anrufbeantworter auszustatten. Im Falle von ISDN-Telefonen sind diese sogar wesentlich komfortabler als eigenständige Geräte: Sie können mehrere MSNs unabhängig voneinander verwalten. So sind unterschiedliche Ansagen für jede Rufnummer möglich und die eingehenden Nachrichten werden auch rufnummernbezogen abgespeichert.

Das Euracom P4 ist z. B. ein leistungsfähiges ISDN-Telefon, das mit einem Anrufbeantworter-Modul ausgerüstet werden kann.

Auch ISDN-Telefone gibt es in „schnurlos". Ähnlich wie analoge Schnurlostelefone bestehen sie aus einer Basisstation und aus einem Mobilteil. Da die Funkübertragung nach einem genormten digitalen Protokoll erfolgt, sind auch zahlreiche Sonderfunktionen übertragbar. Ein schnurloses ISDN-Telefon steht in der Leistungsvielfalt einem schnurgebundenen Gerät in nichts nach.

An das schnurlose ISDN-Telefon Ascom Eurit 133 z. B. lassen sich bis zu sechs Mobilteile einbuchen – zwei davon können gleichzeitig „nach draußen" telefonieren.

An die Basisstation lassen sich, wie gesagt, mehrere Mobilteile einbuchen, von denen auch zwei gleichzeitig telefonieren können – im ISDN haben Sie ja zwei Nutzkanäle. Außerdem sind noch Interngespräche möglich – schnurlose ISDN-Telefone ähneln in dieser Hinsicht schon kleinen Telefonanlagen. Es gibt sogar ein ISDN-Tischtelefon (mit Anrufbeantworter), das gleichzeitig eine Basisstation für Schnurlostelefone hat.

Das Siemens gigaset 3035 isdn ist z. B. ein ISDN-Tischtelefon mit Anrufbeantworter und eingebauter DECT-Basis. Auch daran lassen sich sechs DECT-Mobilteile einbuchen, die sowohl untereinander als auch extern telefonieren können

Statt einer Schnurlosbasisstation haben manche ISDN-Telefone einen a/b-Adapter eingebaut, an den ein oder zwei analoge Geräte angeschlossen werden können. Das ist für Ein-Mann-Unternehmen eine interessante Lösung, die neben einem Telefon (hier das ISDN-Telefon) nur noch ein Faxgerät und eventuell einen Anrufbeantworter oder ein Schnurlostelefon am ISDN betreiben müssen.

Auch „Daten-Adapter" gibt es eingebaut in ISDN-Telefone. Sie ersparen sich damit den Einbau einer ISDN-Karte in Ihren PC.

Leichteste Übung: Anschließen eines ISDN-Telefons

In der Hinsicht sind ISDN-Telefone absolut einfach. Sie haben nur ein Anschlusskabel, wenn man vom gewendelten Hörerkabel einmal absieht. Der Stecker des Anschlusskabels wird einfach in den NTBA oder in eine ISDN-Anschlussdose eingesteckt. Die meisten ISDN-Telefone sind dann nach wenigen Sekunden einsatzbereit. (Einige ISDN-Telefone mit Sonderausstattung benötigen allenfalls noch eine zusätzliche Spannungsversorgung aus dem Elektrizitätsnetz.)

Sie können auch mehrere ISDN-Telefone gleichzeitig an Ihrem ISDN-Anschluss betreiben. Jedes ISDN-Telefon darf eine Leistungsaufnahme von etwa 1 W haben. Da der NTBA (oder eine ISDN-Telefonanlage) etwa 4,5 Watt Speiseleistung zur Verfügung stellt, können Sie bis zu vier ISDN-Telefone anschließen – vorausgesetzt, dass der NTBA mit 230 Volt Netzspannung versorgt wird.

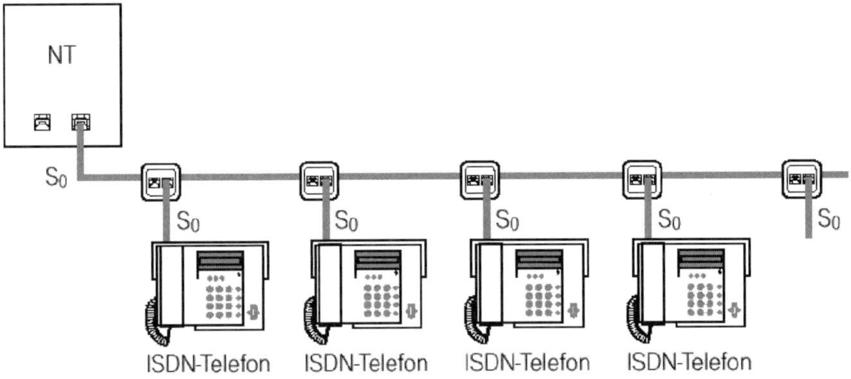

Was passiert, wenn der Strom ausfällt? Sind dann Ihre ISDN-Telefone alle „tot"? Nicht ganz: Bei Stromausfall schaltet der NTBA seine S_0-Schnittstelle auf „Notbetrieb" um. Ein bisschen Speiseleistung, etwa 0,5 W, stellt der NTBA aus der Vermittlungsstelle zur Verfügung. Das genügt, um an einem ISDN-Telefon zumindest noch die Grundfunktionen nutzen zu können.

Dieses eine Telefon muss aber „notbetriebsberechtigt" sein, und die anderen dürfen es nicht. Die Notbetriebsberechtigung wird meistens mit einem kleinen Schalter auf der Rückseite oder unter dem Zielwahl-Beschriftungsfeld eingestellt. Wie das Telefon erkennt, ob der S_0-Bus notstromversorgt ist? Ganz einfach: Bei Stromausfall vertauscht der NTBA einfach die Polarität der Speisespannung. Normale ISDN-Telefone schalten dann ab und das notbetriebsberechtigte Telefon bleibt betriebsbereit (ggf. bis auf Sonderfunktionen).

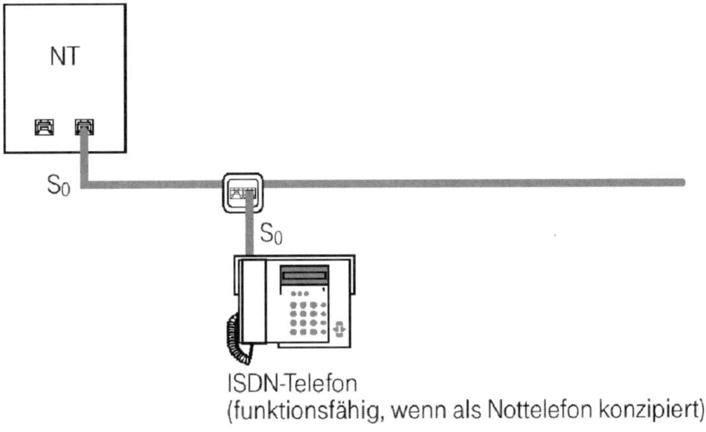

Zweite Übung: ISDN-Telefon konfigurieren

Warum überhaupt konfigurieren? Das Telefon funktioniert doch bereits!? Im Prinzip schon, aber ähnlich wie bei einem ISDN-a/b-Wandler sollten Sie zumindest einige grundlegende Einstellungen vornehmen, damit Sie das Telefon auch wirklich effektiv nutzen können. Im Gegensatz zur Konfiguration eines ISDN-a/b-Wandlers erfolgt die Konfiguration der meisten ISDN-Telefone über eine Menüführung. Auf dem Display des Telefons sehen Sie, welche Eintragungen Sie gerade machen sollen.

Manche Telefone haben, ähnlich wie ISDN-Telefonanlagen, einen so großen Funktionsumfang, dass selbst eine menügeführte Programmierung unübersichtlich wäre. Solche Telefone lassen sich dann über einen PC konfigurieren – die entsprechende Software ist im Lieferumfang der Telefone enthalten.

1 Drücken Sie die Menütaste. Suchen Sie den Menüpunkt zur Konfiguration. Je nach Telefon heißt er *Konfiguration*, *Einstellungen*, *Programmierung* oder *Installation*. An manchen Telefonen ist auch eine eigene Programmiertaste (SET-Taste) vorhanden.

2 Wählen Sie nun den Menüpunkt *(Mehrfach-) Rufnummern eingeben* oder *MSN eingeben*. Geben Sie die Rufnummern ein, die auf dem Telefon „ankommen" sollen. Je nach Telefon können Sie drei bis sechs MSNs eingeben.

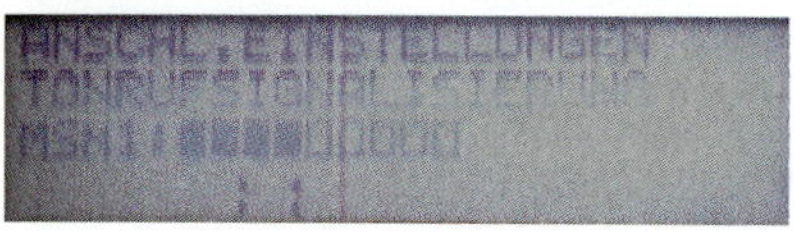

3 Zu jeder Mehrfachrufnummer können Sie eine eigene Ruftonmelodie auswählen. Auf diese Weise können Sie eingehende Anrufe für die einzelnen MSNs schon akustisch erkennen.

4 Auf dem Display Ihres ISDN-Telefons wird zumindest im Ruhezustand Datum und Uhrzeit angezeigt. An manchen Telefonen können Sie die Uhrzeit von Hand einstellen. Bequemer ist es, das eben nicht zu machen: ISDN-Telefone holen sich die aktuelle Uhrzeit bei jedem abgehenden Telefonat aus der Vermittlungsstelle. Rufen Sie also einfach jemanden an und die „Telefonuhr" wird automatisch gestellt.

Damit ist die Grundprogrammierung Ihres ISDN-Telefons erledigt. Weitere Leistungsmerkmale hängen natürlich von der Ausstattung Ihres Telefons ab. Einige wichtige Funktionen sind an vielen Telefonen gleichermaßen vorhanden.

1 Fast alle ISDN-Telefone haben eine Reihe von Zielwahltasten. Wie bei einem analogen Komforttelefon können Sie darauf eine entsprechende Anzahl an Telefonnummern hinterlegen, die Sie auf Tastendruck einfach anwählen können. Statt Telefonnummern können Sie auf diesen Tasten auch Funktionen, z. B. häufig benutzte ISDN-Leistungsmerkmale, programmieren, die dann direkt auszulösen sind. Solche Zielwahltasten/Funktionstasten werden – abhängig vom jeweiligen ISDN-Telefon – entweder direkt oder menügeführt konfiguriert.

2 Daneben haben fast alle ISDN-Telefone ein so genanntes Telefonbuch, auch Kurzwahlspeicher genannt. Im Gegensatz zu Zielwahltasten, die direkt zur Verfügung stehen, erreichen Sie die Einträge aus dem Kurzwahlspeicher, indem Sie die entsprechende Kurzwahl-Taste drücken. (Auf dieser Taste ist oft ein stilisiertes Telefonbuch abgebildet.) Statt der Telefonnummern, die Sie dort ablegen, können Sie auch hier wieder ISDN-Funktionen abspeichern. Diese sollten „etwas weniger wichtig" sein, weil sie eben nicht unmittelbar zur Verfügung stehen.

Was kann mein ISDN-Telefon alles?

Bis jetzt haben Sie viel darüber gelesen, was ein ISDN-Telefon an Leistungsmerkmalen bietet. Im Folgenden finden Sie einige Beispiele, wie Sie diese Funktionen auch praktisch anwenden können.

Leider gibt es für die vielen unterschiedlichen Telefone, die im Handel erhältlich sind, keine einheitlichen Bedienprozeduren. Wie Sie die einzelnen Funktionen nutzen, ist in der Bedienungsanleitung Ihres Telefons genau beschrieben.

Nie mehr Streit ums Telefon - Jedem seine eigene Rufnummer

Das Besondere an ISDN-Telefonen ist ihre Fähigkeit, mehrere MSNs zu verwalten. So können Sie jedem Familienmitglied seine eigene Rufnummer zuteilen und schon am Klingeln des Telefons erkennen, für wen der Anruf ist. Es ist ebenso eine Trennung von privaten und dienstlichen Gesprächen denkbar. Welche Ihrer MSNs für abgehende Telefonate benutzt wird, können Sie vor jedem Gespräch erneut festlegen, sodass Sie auch die Kosten „erfassen" können, die die einzelnen Familienmitglieder vertelefoniert haben - entsprechende Disziplin bei den einzelnen Teilnehmern vorausgesetzt, auch wirklich ihre MSN zu benutzen.

(Das ISDN-Telefon Ascom Eurit 22 z. B. hat (rechts oben) eine User-Taste. Drei Benutzer können sich das Telefon so konfigurieren, wie sie möchten, und können auf Knopfdruck „ihr" Telefon einstellen.)

Genau diese Disziplin wird von solchen Telefonen gefördert, bei denen nicht nur die MSN umgestellt wird, sondern komplette Benutzerprofile ausgewählt werden können. Jeder Anwender kann das Telefon so einrichten, wie er es für sinnvoll hält: Neben seiner eigenen Mehrfachrufnummer stehen ihm dann seine Telefonnummern im Kurzwahlspeicher zur Verfügung, ebenso seine Belegung der Funktionstasten oder Zielwahltasten. Ist in dem ISDN-Telefon auch ein Anrufbeantworter integriert, hat der Anwender Zugriff auf seine Mailbox.

CLIP - Sehen, wer anruft

Dass man die Rufnummer des Anrufers auf dem Telefondisplay sehen kann, bevor man das Gespräch annimmt, hat sich zu einem der beliebtesten Leistungsmerkmale des ISDN entwickelt. Es soll Leute geben, die sich nur deswegen einen ISDN-Anschluss und das dazugehörige Telefon leisten. (Obwohl es für sie eine günstigere Lösung im analogen Telefonnetz gäbe!)

Wenn Ihr ISDN-Telefon mit einem ausführlichen (alphabetischen) Telefonbuch oder Kurzwahlspeicher ausgestattet ist, vergleicht das Telefon die ankommende Rufnummer mit den einzelnen Einträgen und zeigt auf dem Display in Klartext den Namen des Anrufers an, wenn es eine Rufnummer findet. Sie können den Anrufer dann sofort nach dem Abheben mit seinem Namen begrüßen. Oder wenn Sie von einem bestimmten Anrufer gerade nicht „belästigt" werden wollen, müssen Sie das Gespräch nicht annehmen. Bei manchen Telefonen können Sie den Anrufer sogar ausdrücklich abweisen – er hört dann bei sich ein Besetztzeichen.

Sollte der Anruf vergeblich sein, weil Sie z. B. nicht zu Hause sind, wird die Rufnummer des Anrufers mit Datum und Uhrzeit in eine Anrufliste eingetragen. Nach Ihrer Rückkehr können Sie die Liste durchgehen und bei Bedarf den Anrufer einfach zurückrufen: Oft genügt es, den Hörer abzunehmen, und die Rufnummer aus der Anrufliste, die gerade im Display steht, wird automatisch gewählt.

Die Rufnummernübermittlung kann auch nützlich sein, wenn ein Anrufer sich „automatisch" identifizieren soll, um z. B. eine spezielle Ansage auf dem Anrufbeantworter des angerufenen Teilnehmers zu hören. Versandhäuser haben ihr Warenwirtschaftssystem oft an ihre Telefonanlage gekoppelt: Wenn Sie deren Bestellannahme anrufen, erscheinen auf dem Computer-Bildschirm des Arbeitsplatzes sofort Ihre Stammdaten, wenn Ihre Rufnummer übermittelt wird (und Sie schon Kunde bei dem Versandhandel sind).

Eine Kehrseite hat die Medaille: Der Anrufer muss seine Nummer gar nicht zu Ihnen übermitteln. Bei normalen analogen Anschlüssen ist sie meistens von vornherein unterdrückt, und an ISDN-Anschlüssen ist es möglich, die Rufnummernanzeige fallweise oder generell unterdrücken zu lassen. Selbstverständlich können Sie auch entscheiden, ob der Angerufene Ihre Telefonnummer auf dem Display seines Telefons sehen kann oder nicht.

Bei den meisten ISDN-Anschlüssen wird die Rufnummer zum Angerufenen ständig übermittelt. Im Normalfall sehen die Personen, die von Ihnen angerufen werden, Ihre Nummer im Display, bevor sie abheben. Sie können die Rufnummernübermittlung grundsätzlich unterdrücken oder von Fall zu Fall.

Obwohl diese ISDN-Leistungsmerkmale (bei der Telekom) kostenfrei sind, werden sie nicht standardmäßig eingerichtet. Die beste Version der Rufnummernunterdrückung ist die „fallweise Unterdrückung bei ständiger Übermittlung", die Sie bei der Telekom einrichten lassen können. Vorsicht: Die Sache mit der Rufnummernübermittlung ist sehr variantenreich, und einige davon gibt es bei der Telekom nur gegen Aufpreis, so z. B. die „fallweise Übermittlung bei ständiger Unterdrückung". Haben Sie den feinen Unterschied bemerkt? Dieses Leistungsmerkmal kostet monatlich ca. € 1,54.

„Ich verbinde" - Anklopfen, Makeln, Konferenz

Da Ihnen an Ihrem ISDN-Anschluss zwei Leitungen (Nutzkanäle) zur Verfügung stehen, können Sie - mit einem ISDN-Telefon - auch zwei Verbindungen bzw. Gespräche gleichzeitig „führen".

Wenn Sie mit jemandem telefonieren und eine dritte Person versucht Sie anzurufen, meldet Ihr ISDN-Telefon Ihnen das mit einem dezenten „Anklopfen" im Hörer: zwei kurze Töne, die etwa im normalen Klingelrhythmus wiederholt werden. Gleichzeitig erscheint auf dem Display des Telefons die Rufnummer des weiteren Anrufers. Aus dieser Situation heraus bietet das Telefon auf seinen Softkeys die entsprechenden Funktionen:

- Makeln: Sie können vom aktiven Gespräch auf den wartenden Anrufer umschalten und mit ihm sprechen. Währenddessen wird der erste Gesprächsteilnehmer gehalten, er hört je nach Telefon eine Ansage oder eine Wartemusik. Mit der gleichen Tastenprozedur können Sie wieder zum ersten Teilnehmer wechseln, dann hört der zweite Anrufer die Ansage bzw. Wartemusik. Wenn Ihr Telefon das nicht auf einen Softkey gelegt hat, wird zum Makeln in der Regel die Rückfragetaste verwendet.

  Sie können auch einfach den Hörer auflegen. Dann wird das erste Gespräch beendet und das wartende Gespräch wird wie ein normaler Anruf signalisiert. Heben Sie den Hörer wieder ab und Sie haben den neuen Gesprächspartner an der Strippe.

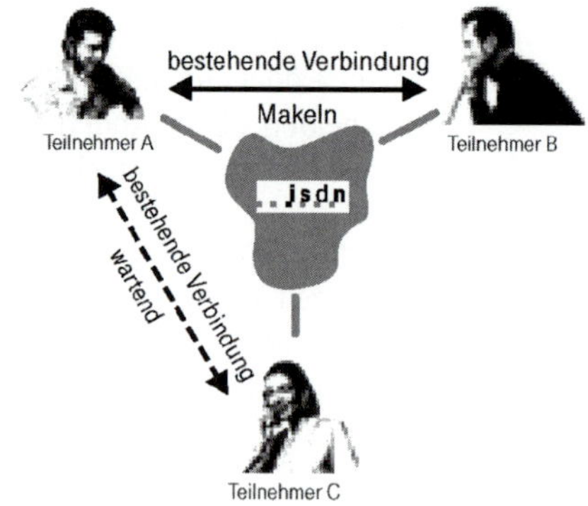

- Aus dieser Situation heraus können Sie beide Gesprächsteilnehmer zu einer Dreierkonferenz zusammenschalten. Nach einem Druck auf den entsprechenden Softkey (oder die Menütaste) werden Sie mit den beiden externen Anrufern zusammengeschaltet und können nun zu dritt konferieren.

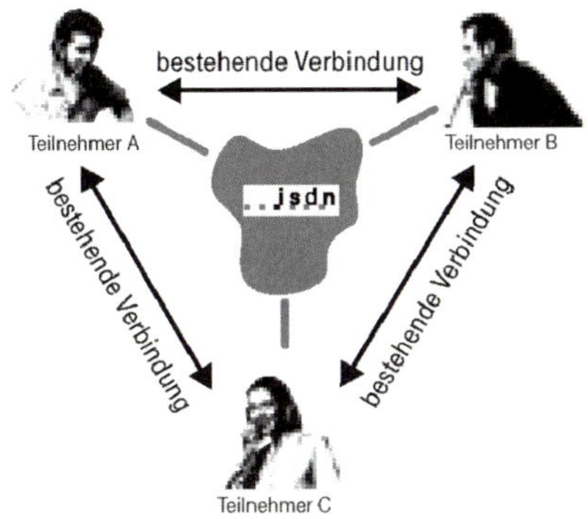

Je nach Telefon können Sie sich selbst aus der Konferenz ausklinken und die beiden anderen Teilnehmer miteinander sprechen lassen. Das ist aber nur mit Einschränkungen ratsam: Erstens belegt es Ihre beiden Kanäle, und zweitens telefonieren die Gesprächspartner unter Umständen - wenn Sie einen oder beide Anrufe selbst gemacht haben - auf Ihre Kosten.

- Statt eines wartenden Anrufers können auch Sie ein zweites Gespräch einleiten. Durch Druck auf die Rückfrage-Taste wird der erste Gesprächspartner gehalten und Sie bekommen eine freie Leitung. Rufen Sie den zweiten Gesprächspartner an und führen Sie Ihr „Rückfragegespräch". Übrigens können Sie auch mit einem Rückfragegespräch zwischen den beiden Teilnehmern makeln oder sie zu einer Dreierkonferenz zusammenschalten.

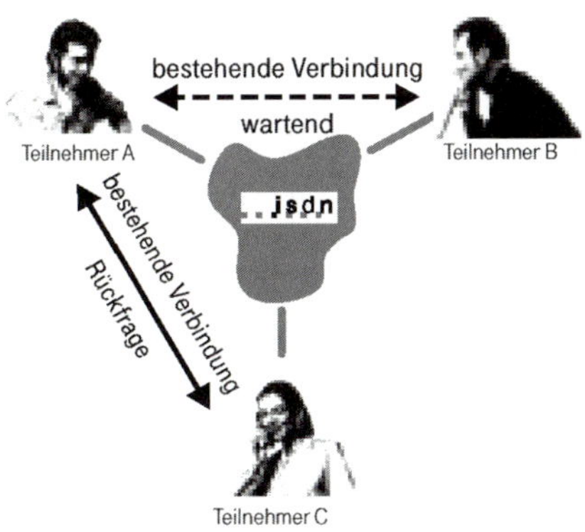

- Abweisen: Wenn Sie mit dem ersten Gesprächspartner gerade ein wichtiges Telefonat führen, wollen Sie von weiteren Anrufern nicht gestört werden. Weisen Sie den wartenden Anrufer einfach ab. Er hört bei sich dann ein Besetztzeichen.

Je nach ISDN-Telefon kann sich sogar noch ein dritter Anrufer durch Anklopfen bemerkbar machen. Da in diesem Fall beide B-Kanäle schon belegt sind, müssen Sie ein Gespräch beenden, um mit dem wartenden Anrufer zu telefonieren. Sie sagen, man kann kaum zwei Anrufe vernünftig handhaben und ein dritter Anruf sei praktisch nicht zu beherrschen? Da haben Sie Recht. Diese Möglichkeit ist dennoch sinnvoll, z. B. wenn auf einem zweiten ISDN-Telefon noch jemand telefoniert und dadurch den zweiten Nutzkanal „blockiert". Zwar können Sie dann nicht mehr (oder nur mit bestimmten Telefonen) makeln und eine Dreierkonferenz einleiten, aber Sie können entscheiden, das erste Gespräch zu beenden und den wartenden Anrufer anzunehmen.

Niemand zu Hause? - Anrufe umleiten

Die Alternative zum Anrufbeantworter heißt Anrufweiterschaltung oder technisch **C**all **F**orward (CF). Warten Sie z. B. auf ein wichtiges Gespräch, müssen aber das Haus verlassen, weil Sie noch etwas zu erledigen haben, dann können Sie Ihre Telefonnummer etwa auf Ihr Mobiltelefon umleiten und bleiben so auch unterwegs erreichbar. Auf die gleiche Weise können Sie Anrufe, die Sie privat erreichen, ins Büro umleiten.

Im ISDN werden Anrufweiterschaltungen in der Vermittlungsstelle aktiviert und von dort veranlasst. Man unterscheidet folgende Varianten der Anrufweiterschaltung:

- Anrufweiterschaltung sofort (**C**all **F**orward **U**nconditional - CFU): Jeder, der Ihre Telefonnummer anruft, wird sofort auf das von Ihnen angegebene Ziel (anderer Anschluss) umgeleitet. Dort klingelt das Telefon und Sie können mit dem Anrufer sprechen. Ihr Telefon zu Hause bekommt von Anrufen gar nichts mit.
- Anrufweiterschaltung bei unbeantwortetem Anruf (**C**all **F**orward **N**o **R**eply - CFNR): Bei Ihnen klingelt das Telefon nur 20 Sekunden. Wenn bis dahin niemand abhebt, wird das Gespräch umgeleitet. Die Dauer von 20 Sekunden ist bei der Telekom fest vorgegeben und kann nicht verändert werden. Falls Sie sich eine Mailbox (Anrufbeantworter) im Netz einrichten lassen - bei der Telekom heißt sie T-Net-Box -, schalten Sie Anrufe „nach Zeit" auf die Mailbox wei-

ter. So haben Sie genügend Zeit, den Anruf persönlich entgegenzunehmen. Die Zielrufnummer der Mailbox ist eine kostenfreie 08 00-Nummer, die Abfrage der Box ist ebenfalls kostenfrei.

- Anrufweiterschaltung bei Besetzt (**C**all **F**orward **B**usy - CFB): Sollten bei Ihnen beide Kanäle belegt sein, wird ein weiterer Anrufer automatisch zu einem anderen von Ihnen vorgegebenen Ziel umgeleitet.
- Anrufweitervermittlung (**C**all **D**eflection - CD): Diese Art der Anrufweiterschaltung wird nicht ausdrücklich in der Vermittlungsstelle aktiviert, sondern Sie entscheiden bei jedem eingehenden Anruf, ob er (per Tastendruck) auf einen anderen Telefonanschluss weitergeschaltet werden soll oder ob Sie ihn persönlich annehmen.

Beachten Sie, dass Sie Anrufweiterschaltungen nach Rufnummern getrennt aktivieren können. Anrufe auf nicht umgeleitete Mehrfachrufnummern werden gemäß den Einstellungen Ihrer Endgeräte ganz normal signalisiert. Eine Anrufweiterschaltung kann auch nach „ISDN-Dienst" getrennt aktiviert werden, sodass z. B. Datenanrufe zu einem anderen Anschluss umgeleitet und Telefongespräche auf die gleiche Nummer vor Ort signalisiert werden. Die Dienste-Trennung bei der Anrufweiterschaltung hat sich aber nicht durchgesetzt, im Allgemeinen besteht auch keine Notwendigkeit dafür.

Info

Anrufweiterschaltungen

Die *Anrufweiterschaltungen* sind ISDN-Dienste, die an Ihrem Anschluss freigeschaltet sein müssen, wenn Sie sie verwenden wollen. Bei der Telekom sind sie - mit Ausnahme des ISDN-Standard-Anschlusses - bei jeder Anschlussvariante enthalten. Für die Einrichtung einer Mailbox (T-Net-Box) ist die Anrufweiterschaltung erforderlich. Die Box selbst ist dann in ihren Grundfunktionen kostenfrei.

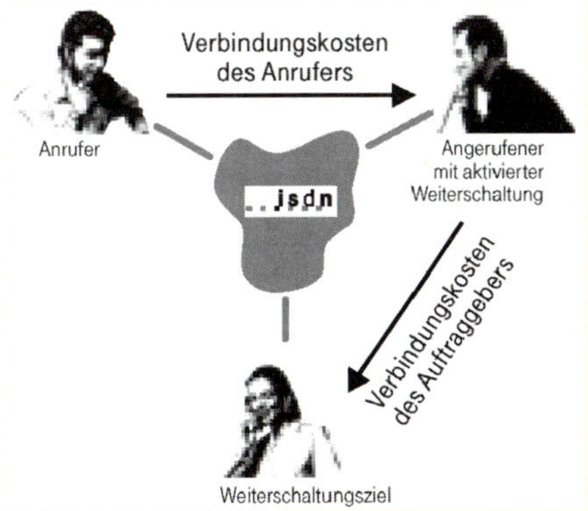

Für die von Ihnen aktivierten Anrufweiterschaltungen tragen Sie die entstehenden Kosten. Das beschränkt sich zum Glück auf die reinen Gesprächskosten, die ab Weiterschaltung zum Zielanschluss entstehen. Ruft Sie jemand zu Hause an und Sie haben die Anrufweiterschaltung auf Ihr Mobiltelefon aktiviert, bezahlen Sie die Kosten für einen Anruf von Ihrem Anschluss auf Ihr Mobiltelefon.

Manchmal verwechselt man die Begriffe „Anrufweiterschaltung" und „Rufumleitung" miteinander. Da beide in ihrer Auswirkung fast identisch sind, ist die Definition auch nicht klar. Für den ISDN-Dienst Call Forward wurde der Begriff „Anrufweiterschaltung" festgelegt, wogegen die Rufumleitung unabhängig vom ISDN in den Endgeräten - unter Benutzung beider B-Kanäle - gesteuert wird. Die meisten Hersteller von Endgeräten verwenden die beiden Begriffe gemäß dieser Definition. Bedenken Sie aber, dass manche Hersteller die Begriffe miteinander vertauschen könnten!

Besetzt? - Lassen Sie sich einfach zurückrufen

Sie rufen jemanden an und stellen fest, dass er gerade telefoniert (oder im Internet surft oder ...), auf jeden Fall ist sein Anschluss besetzt. Nun können Sie sich die Finger wund wählen und ihn wiederholt anrufen. Die Wahlwiederholungstaste erleichtert das zwar, schont aber keine Nerven ...

Mit einem ISDN-Telefon können Sie sich einfach zurückrufen lassen, wenn der Anschluss wieder frei ist. Das ISDN-Leistungsmerkmal „Rückruf bei Besetzt" - **C**ompletion of **C**all To **B**usy **S**ubscriber , CCBS - wird mittlerweile standardmäßig mit jedem ISDN-Anschluss eingerichtet und hat sich zu einem der beliebtesten Leistungsmerkmale überhaupt entwickelt.

Praktisch funktioniert der automatische Rückruf bei Besetzt so: Sobald Sie jemanden anrufen, dessen Anschluss besetzt ist, registriert das die Vermittlungsstelle und sendet zu Ihrem ISDN-Telefon die Information „Teilnehmer ist besetzt". Je nach Telefon wird diese Information in Klarschrift auf dem Telefondisplay angezeigt, auf jeden Fall bietet Ihnen das Telefon die Funktion des Rückrufs an.

Mit dem Druck auf die Taste lösen Sie in der Vermittlungsstelle sozusagen die „Überwachung" des angewählten Anschlusses aus. Sobald Ihr besetzter Gesprächspartner seine Verbindung beendet, wird das von der Vermittlungsstelle registriert und meldet das an Ihren Anschluss. Ihr Telefon klingelt und auf dem Display erscheint eine Information *Rückruf*, meistens mit der dazugehörigen (ursprünglich von Ihnen gewählten) Rufnummer.

Wenn Sie jetzt den Hörer abheben, wählt Ihr Telefon automatisch den gewünschten Gesprächspartner an, der dann eine freie Leitung hat. Auch wenn es Rückruf heißt: Nicht Ihr Gesprächspartner ruft Sie an (davon wüßte er ja nichts), sondern Sie Ihren Gesprächspartner. Und entsprechend tragen Sie die Gesprächskosten. Das Auslösen des Rückrufs bei Besetzt ist kostenlos.

Fassen Sie Ihr Telefon nicht an – Computer Telephony Integration

Manche ISDN-Telefone können über die serielle Schnittstelle direkt oder über eine als Zubehör erhältliche Adapterbox mit einem PC verbunden werden. Mit einem zusätzlichen Programm (meist im Lieferumfang des Telefons bzw. der Adapterbox) ist Ihr ISDN-Telefon dann über Ihren Computer steuerbar.

Solche CTI-Programme sind oft so gestaltet, dass auf Ihrem Monitor eine Abbildung Ihres ISDN-Telefons erscheint, dessen Tasten als Schaltflächen ausgeführt sind, die Sie mit der Maus anklicken können. Das Telefon reagiert dann, als ob Sie die entsprechende Taste gedrückt hätten.

Nun ist das allein nicht sehr interessant. Aber das CTI-Programm erweitert meistens deutlich die Leistungsfähigkeit des Telefons. So können Sie z. B. umfangreiche Adresslisten in der Software anlegen, die über die Einträge im Kurzwahlspeicher weit hinausgehen. Ein Mausklick auf den entsprechenden Eintrag und das Telefon wählt die Telefonnummer des Datensatzes an. Wenn die Verbindung zustande gekommen ist, schaltet sich automatisch die Freisprecheinrichtung an und Sie können mit Ihrem Gesprächspartner direkt sprechen. Wenn Sie den Hörer am Telefon abheben, schaltet sich die Freisprecheinrichtung automatisch ab und Sie können wie gewohnt telefonieren.

Manche Telefone sind mit einem Headset-Anschluss ausgerüstet. Sie können dann einstellen, ob statt der Freisprecheinrichtung das Headset eingeschaltet werden soll.

Die Verbindung zwischen Telefon und PC wird dann besonders interessant, wenn Sie z. B. in einer Datenbank bereits umfangreiche Adresslisten samt Telefonnummern gespeichert haben. Auch damit ist eine Wahl per Mausklick möglich. Die Software muss nur die Windows-eigene Treiberschnittstelle Telephony Applications Programming Interface –TAPI – unterstützen. Für die Ansteuerung des Telefons ist noch ein „Gerätetreiber" erforderlich, der mit dem Telefon oder der Adapterbox mitgeliefert wird.

Die Verbindung zwischen Telefon und PC kann oft auch dazu verwendet werden, um das Telefon per Computer zu konfigurieren. Auch wenn die Konfiguration eines ISDN-Telefons meistens menügeführt und recht einfach ist, erleichtert die Konfiguration per PC insbesondere die Eingabe umfangreicher Kurzwahlspeicher. Zudem ist sie übersichtlicher, weil auf dem Monitor Ihres PCs mehrere einzustellende Parameter gleichzeitig zu sehen sind.

Die Alleskönner - ISDN-Telefonanlagen

In der Disziplin ISDN stellen die TK-Anlagen oder Telefonanlagen sozusagen die Königsklasse dar. Von diesem ISDN-Gerät sieht man nicht allzu viel, es hängt meistens still und unscheinbar an der Wand. Dafür leisten ISDN-TK-Anlagen so ziemlich alles, was man sich zum Telekommunizieren nur wünschen kann.

Je nach Ausstattung können Sie an eine Telefonanlage alle Ihre Endgeräte anschließen, und zwar sowohl Analog- als auch ISDN-Geräte. Die Telefonanlage übernimmt dann die komplette Verwaltung der angeschlossenen Geräte. Insbesondere steuert sie die Verteilung der eingehenden und abgehenden Verbindungen. Damit können Sie sogar untereinander „intern" telefonieren, und zwar ohne Vermittlungsstelle und damit kostenfrei.

Neben den ISDN-Leistungsmerkmalen bieten viele Telefonanlagen eigene Funktionen, die das Kommunizieren - Telefonieren kann man das schon fast nicht mehr nennen - noch komfortabler machen. Schließen Sie Ihre Haustürsprechstelle an und empfangen Sie Ihre Gäste per Telefon - inklusive Türöffnen. Verwalten Sie die Verbindungskosten oder richten Sie Ihren Kindern ein Taschengeldkonto ein, das sie „abtelefonieren" können. Steuern Sie zum Beispiel Ihre Zentralheizung (oder Ihre Kaffeemaschine) - wenn Sie wollen, sogar aus der Ferne.

Manche Telefonanlagen haben sogar eigene „Endgeräte" an Bord. Die anlageninterne „ISDN-Karte" ist längst nichts Neues mehr und erspart Ihnen das Herumschrauben an Ihrem PC. Ihre Freunde können Ihnen auf dem integrierten Anrufbeantworter Nachrichten hinterlassen, die Sie von jedem Telefon, das an die Anlage angeschlossen ist, abfragen können, und vieles mehr.

Alle Geräte an einer Zentrale - Der Komfort von Telefonanlagen

Von einer Telefonanlage erwartet man zunächst einmal, dass die daran angeschlossenen Geräte Zugang zum ISDN haben. Außerdem müssen zwischen den daran angeschlossenen Geräten kostenlose interne Gespräche geführt werden können. Darüber hinaus sollen externe Gespräche von einem Apparat an der Anlage auf einen anderen weitergegeben (vermittelt) werden können. Diese Leistungsmerkmale hat ausnahmslos jede Telefonanlage.

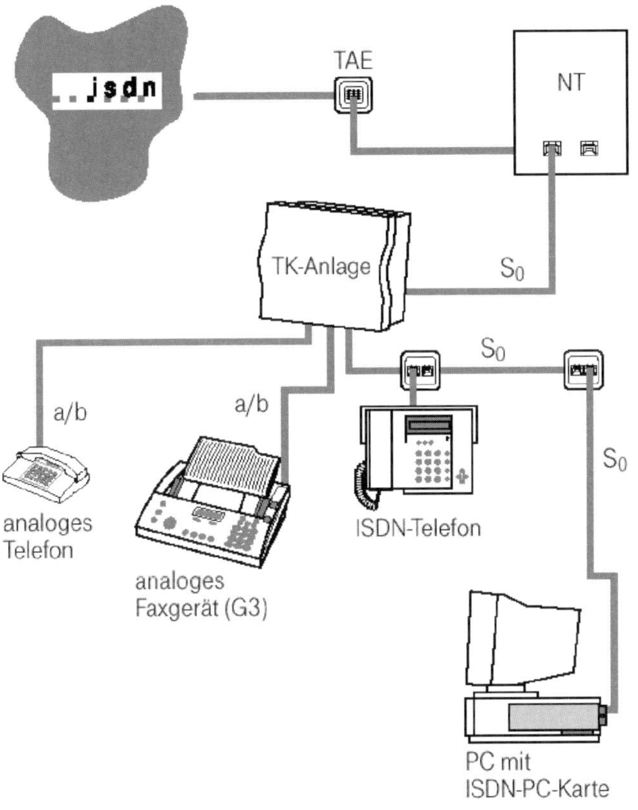

Je nach Ausstattung der Telefonanlage sind auch viele ISDN-Leistungsmerkmale an den angeschlossenen Endgeräten verfügbar. Ähnlich wie bei einem komfortablen ISDN-a/b-Wandler können mehrere Rufnummern (MSNs) zugewiesen werden. Anklopfen, Makeln, Rückfrage, Dreierkonferenz sind genauso vorhanden wie Anzeige der eingehenden Rufnummer, Rufumleitung, Übermittlung der Gebührendaten oder „Rückruf bei Besetzt".

Dass diese Leistungsmerkmale auch für die angeschlossenen analogen Endgeräte zur Verfügung stehen, macht eine Telefonanlage besonders interessant. Natürlich wird ein analoges Telefon durch den Anschluss an eine ISDN-Telefonanlage nicht zum ISDN-Telefon: Es hat nach wie vor nur eine Leitung und einen Kanal. Die ISDN-Telefonanlage bereitet die ISDN-Leistungsmerkmale sozusagen „analog-gerecht" auf.

Leider können Sie solche Merkmale nicht so einfach nutzen wie bei einem echten ISDN-Telefon. Um ISDN-Leistungsmerkmale auslösen zu können, erwartet eine ISDN-Telefonanlage von einem analogen Endgerät die Wahl bestimmter Ziffernkombinationen bzw. Tastencodes, die über die (einzige vorhandene) Leitung bzw. den Nutzkanal übertragen werden. ISDN-Telefone übertragen die ISDN-Leistungsmerkmale über den Steuerkanal. Sie haben für viele ISDN-Funktionen fest zugewiesene Tasten oder sie werden über Menüs gesteuert. So etwas ist bei einem analogen Telefon natürlich nicht vorhanden - es fehlt eben der Steuerkanal, über den die Funktionen ausgelöst werden.

Info

Tastencodes auf Zielwahlspeicher legen

Sie können sich die wichtigsten Tastencodes für ISDN-Leistungsmerkmale in Ihrem Analogtelefon einprogrammieren, sofern Ihr Telefon über einen Zielwahlspeicher verfügt. Üblicherweise werden darauf die Telefonnummern von Ihren wichtigsten Gesprächspartnern abgelegt - je nachdem, wie viele Funktionscodes Sie auf den Zielwahltasten ablegen, müssen Sie auf Telefonnummern-Einträge verzichten.

An vielen Analogtelefonen können Zielwahltasten nicht mehr benutzt werden, wenn bereits eine Rufnummer gewählt bzw. ein anderer Zielwahlspeicher benutzt wurde. Sie können dann keine Tastencodes für ISDN-Funktionen auf Zielwahlspeicher einprogrammieren, die während einer Verbindung ausgelöst werden, zum Beispiel Rückruf bei Besetzt.

Neben den ISDN-Leistungsmerkmalen bieten viele ISDN-Telefonanlagen zahlreiche Funktionen, die das ISDN noch unterstützen bzw. ohne Anlage gar nicht möglich wären. Durch den „zentralen" Charakter einer ISDN-Telefonanlage stehen solche Funktionen allen angeschlossenen Endgeräten zur Verfügung. Auch ISDN-Telefone, die bestimmte Leistungen ansonsten nicht bieten, werden so noch verbessert.

ISDN-Telefonanlagen verwalten Ihren kompletten ISDN-Anschluss. Während ISDN-Telefone, die direkt an einem ISDN-Anschluss betrieben werden, sich sozusagen selbst verwalten, indem sie zum Beispiel nur auf bestimmte Rufnummern (MSNs) eingestellt werden, übernimmt das die ISDN-Anlage für alle daran angeschlossenen Geräte - auch für ISDN-Geräte. So übernimmt die ISDN-Telefonanlage die Verteilung eingehender Gespräche der einzelnen MSNs auf die angeschlossenen Geräte. Dabei können auch mehrere Endgeräte gleichzeitig bei bestimmten Nummern klingeln. Das Gespräch erhält derjenige, der es als erster entgegennimmt. (Der Fachmann nennt das übrigens Abfragen.)

Umgekehrt steuert die ISDN-Telefonanlage auch die abgehenden Verbindungen. Jedes Endgerät kann so nur auf bestimmten MSNs hinaustelefonieren, die in der Anlage festgelegt sind. Je nach Anlage kann ein Endgerät auch aus mehreren Rufnummern auswählen, um zum Beispiel private und geschäftliche Gesprächskosten zu trennen.

Darüber hinaus lässt sich meistens auch der generelle Zugang zum ISDN festlegen bzw. eingrenzen. Für jedes angeschlossene Endgerät können Sie einstellen, ob es nach draußen telefonieren darf (Amtsberechtigung) oder nicht (keine Amtsberechtigung). Die Amtsberechtigung lässt sich oft auch noch staffeln: Bei Vollamtsberechtigung kann der Teilnehmer ohne Einschränkungen nach draußen telefonieren, bei Inlandsberechtigung sind internationale Gespräche (also mit 00 am Anfang der Nummer) gesperrt. Die Nahbereichsberechtigung lässt nur Gespräche im Nahbereich des ISDN-Anschlusses zu, die Ortsbereichsberechtigung ermöglicht nur Gespräche im eigenen Ortsnetzbereich und sperrt, wenn eine Telefonnummer mit 0 anfängt.

Kostengünstig telefonieren - Call by Call automatisch

Um kostengünstig telefonieren zu können, bieten mittlerweile viele ISDN-Anlagen eine automatisierte Call-by-Call-Funktion, genauer gesagt, einen Least Cost Router. Verschiedene Netzbetreiber, die zu bestimmten Tageszeiten oder in bestimmten Vorwahlbereichen günstiger sind als der eigentliche Netzbetreiber - von dem Sie also Ihren ISDN-Anschluss haben -, werden von der ISDN-Telefonanlage automatisch ausgewählt, sobald Sie eine Rufnummer anwählen.

Die **L**east **C**ost **R**outer, die automatisch den günstigsten Netzbetreiber auswählen, sind leider nicht vollkommen. In die meisten ISDN-Anlagen mit LCR muss eine entsprechende Zuordnungstabelle - also Vorwahlbereiche bzw. Tarifzonen, Netzbetreiber und Tagesplan - von Hand (per PC) eingegeben werden. Für einige Hersteller von ISDN-Telefonanlagen gibt es im Internet einen Service, bei dem sich eine solche Tabelle komplett automatisiert erstellen lässt (www.billiger-telefonieren.de erzeugt LCR-Tabellen für Anlagen von Agfeo und Gesko). Die entsprechende Datei wird einfach per Software in die Anlage geladen. Andere Hersteller bieten von sich aus einen Update-Service an, der mitunter aber kostenpflichtig sein kann.

Die in den Anlagen integrierte Least Cost Router (eigentlich keine eigenständigen Geräte oder Baugruppen, sondern nur Programmteile im Betriebssystem der Anlage) sind von Hersteller zu Hersteller unterschiedlich. Einige sind in der Anzahl der anwählbaren Netzbetreiber eingeschränkt, andere decken nicht alle denkbaren Tarifzonen ab. Eine interessante Least Cost Routing-Lösung ist in den ISDN-Anlagen von Agfeo zu finden: Sie ermöglicht einen automatischen Fallback auf den zweitgünstigsten Netzbetreiber, wenn der günstigste Netzbetreiber gerade überlastet ist und keine „Leitungen“ mehr zur Verfügung hat.

Anrufweiterschaltung oder Rufumleitung?

Viele ISDN-Telefonanlagen bieten eine interessante Variante zur Anrufweiterschaltung in der Vermittlungsstelle an: Die Rufumleitung über den zweiten B-Kanal. Sie können also von außen eingehende Gespräche umleiten, indem der zweite noch freie Nutzkanal verwendet wird, um das Umleitungsziel anzuwählen. Ursprünglich ist diese Variante entwickelt worden, um den zusätzlichen Aufschlag für die Anrufweiterschaltung in der Vermittlungsstelle zu vermeiden.

Bei der Anrufweiterschaltung in der Vermittlungsstelle wird eine bestimmte Rufnummer komplett (oder nach ISDN-Dienst) auf das Anrufziel umgeleitet. Wenn nicht gerade eine „Anrufweiterschaltung bei Nichtmelden“ ausgelöst wurde, bekommt Ihre eigene Anlage von eingehenden Anrufen gar nichts mit: Die Anrufe werden direkt weitergeschaltet.

Die Rufumleitung wird dagegen von der ISDN-Telefonanlage ausgelöst und bezieht sich auf eine bestimmte Nebenstelle (!) an der Telefonanlage, die umgeleitet wird. So kann man auch mehrere eingehende Rufnummern mit nur einer aktiven Umleitung auf ein anderes Telefon „schalten“. Außerdem klingeln weiterhin bei Ihnen andere Telefone, die auf die gleiche Rufnummer eingestellt sind, sodass gegebenenfalls noch jemand in Ihrer Abwesenheit eingehende Anrufe entgegennehmen kann.

Sofern Ihre Telefonanlage über einen Least Cost Router verfügt, kann die Rufumleitung auch über diesen „geführt“ werden. Eine Rufumleitung über den zweiten Nutzkanal kann also kostengünstiger sein als eine Anrufweiterschaltung in der Vermittlungsstelle.

Die Rufumleitung über die Telefonanlage hat einen Nachteil: Der andere Nutzkanal muss natürlich frei sein, wenn ein eingehender Anruf umgeleitet werden soll. Spricht gerade jemand auf Ihrem Anschluss, funktioniert die Umleitung nicht.

Info

„Rufanrufumweiterleitungschaltung"?

Über die Begriffe „Anrufweiterschaltung" und „Rufumleitung" kann man sich streiten: Was geht nun über die Telefonanlage und was über die Vermittlungsstelle? Mit Logik sind die Ausdrücke nicht zu erklären. Zum Glück hat man sich branchenweit auf eine einheitliche Definition geeinigt: Mit Anrufweiterschaltung wird die Umleitung in der Vermittlungsstelle bezeichnet, und „Rufumleitung" nennt man die Weiterschaltung über die Telefonanlage. Noch Fragen?

ISDN-Telefonanlagen können noch mehr

Haben Sie Kinder? Dann kann die Entgeltauswertung einer Telefonanlage für Sie interessant sein. Im ISDN werden - meistens gegen Aufpreis - Entgeltdaten während oder am Ende einer Verbindung übermittelt, die von den meisten Telefonanlagen gespeichert werden. Per Software können Sie die Daten aus der Telefonanlage auslesen und nebenstellenbezogen (oder nach anderen Kriterien) auswerten. So haben Sie eine **E**inzel**v**erbindungs**ü**bersicht, die wesentlich mehr Informationen enthält als die EVÜs der Netzbetreiber. Ihren Kindern können Sie - wenn Sie ihnen eine eigene Nebenstelle an der Anlage gönnen - auch ein Taschengeldkonto einrichten, das sie dann abtelefonieren können. Wenn der von Ihnen festgelegte Betrag aufgebraucht ist, können nur noch Anrufe angenommen werden, bis Sie den Betrag erneut freigeben.

Ein Standard-Leistungsmerkmal bei fast allen ISDN-Telefonanlagen ist die so genannte Nachtschaltung. Sie können verschiedene Rufverteilungen - welche Apparate klingeln auf welchen Rufnummern - in der Telefonanlage festlegen und mit einem Knopfdruck umschalten.

Die Nachtschaltung oder andere Funktionen lassen sich von manchen Telefonanlagen auch zeitgesteuert automatisch umschalten. Wenn bei Ihnen zum Beispiel um 18:00 Uhr „Feierabend" ist, stellt sich die Anlage automatisch auf „Nacht" um und bestimmte Telefone (zum Beispiel im Schlafzimmer) klingeln nicht mehr mit, wenn ein Anruf eingeht. Auch andere Funktionen lassen sich zeitgesteuert auslösen, so zum Beispiel Rufumleitungen, Steuerrelais, Anrufschutz, Telefonschloss und anderes.

Manche ISDN-Telefonanlagen bieten auch eine Art Fernbedienung. Die Telefonanlage lässt sich aus der Ferne - zum Beispiel von Ihrem Mobiltelefon aus - anwählen. Nachdem Sie sich über ein Passwort identifiziert haben, können Sie viele Funktionen an Ihrer Anlage so auslösen oder sperren, als ob Sie zu Hause an Ihrem Telefon diese Funktionen bedienen würden.

In den meisten ISDN-Anlagen ist auch ein „zentrales Telefonbuch" enthalten. Je nach Ausführung speichern Sie zwischen 25 und 1.000 Rufnummern in der Anlage, die von jedem daran angeschlossenen Telefon über eine Kurzwahlkombination (zwei- oder dreistellig) angerufen werden können.

Sie können an eine entsprechend ausgestattete Telefonanlage auch Ihre Türsprechanlage anschließen. Jemand, der bei Ihnen an der Tür klingelt, löst an einem Telefon (oder mehreren) einen Türruf aus. Heben Sie den Hörer ab, sprechen Sie mit Ihrem Besucher und öffnen ihm die Tür. Wenn bei Ihnen selten jemand zu Hause ist, können Sie Türrufe auch auf andere Telefone umleiten, zum Beispiel ins Büro oder auf Ihr Mobiltelefon. (Nur das Türöffnen geht dann natürlich nicht.)

Entsprechende Telefonanlagen haben meist eine genormte Türfreisprech-Schnittstelle (TFE-Schnittstelle). Daran können Sie entweder spezielle Türstationen direkt anschließen oder - über einen speziellen Schnittstellenadapter, im Fachjargon **P**ost**v**erstärker**g**erät (PVG) - Ihre bereits vorhandene Haustürsprechanlage.

Viele Telefonanlage bieten auch noch andere Funktionen und Leistungsmerkmale. Es würde den Rahmen dieses Buchs sprengen, hier alle denkbaren Möglichkeiten ausführlich zu besprechen.

Die Bedienung von ISDN-Telefonanlagen ist von Hersteller zu Hersteller sehr unterschiedlich und kann in diesem Buch nicht wiedergegeben werden. Wie Sie die einzelnen Leistungsmerkmale nutzen, ist in den mitgelieferten Bedienungsanleitungen sehr ausführlich beschrieben.

Ohne Konfiguration mit PC geht gar nichts

Die meisten ISDN-Telefonanlagen sind so eingestellt, dass sie sofort, nachdem Sie sie angeschlossen haben, schon grundlegend funktionieren. Um die Leistungsvielfalt einer ISDN-Telefonanlage wirklich nutzen zu können, sollte sie konfiguriert werden. Meistens lässt sich die Telefonanlage auch - ähnlich wie ein ISDN-a/b-Wandler - über ein angeschlossenes Telefon konfigurieren. Bei a/b-Wandlern, die nur eine Handvoll Funktionen für ihre zwei Nebenstellen haben, mag diese Art der Konfiguration noch funktionieren. Bei ausgewachsenen ISDN-Telefonanlagen mit ihren vielen Leistungsmerkmalen und ihren zahlreichen Nebenstellen ist die Konfiguration per Telefon sehr unübersichtlich, selbst wenn man sich vorher ausführliche Notizen macht. Quälen Sie sich nicht selbst mit dieser Arbeit!

Zum Lieferumfang fast jeder Telefonanlage gehört eine Software zur Konfiguration. Mitunter gibt es auch ein sehr umfangreiches Softwarepaket, das außerdem noch ein Entgeltdaten-Auswertungsprogramm oder eine Computer-Telefonie-Unterstützung enthält.

ISDN-Telefonanlagen werden üblicherweise an die serielle Schnittstelle (COM-Port) eines PCs angeschlossen. Über diese Verbindung können Daten aus der Anlage ausgelesen bzw. zurückgeschrieben werden. Neben den eigentlichen Konfigurationsdaten gehören dazu auch Entgeltdaten oder LCR-Tabellen. Bei bestimmten Anlagen gibt es auch noch die Möglichkeit, über diese Verbindung CTI (computerunterstütztes Telefonieren) zu nutzen oder sogar die Anlagenfirmware – das „Betriebssystem" der Telefonanlage – neu aufzuspielen.

Oft ist es nicht möglich, die Telefonanlage in der Nähe des PCs zu platzieren. Eine Verbindung über die serielle Schnittstelle scheidet dann wegen der maximal möglichen Länge des seriellen Kabels aus. Viele Hersteller nennen eine maximale Kabellänge von 3 m – wobei es sich allerdings um die Länge handelt, mit der ein Datenaustausch garantiert ist: Es sind Anlagen auch schon über 20 m serielle Verbindung konfiguriert worden ...

Dafür wurde die Möglichkeit des Datenaustauschs zwischen Telefonanlage und PC über die interne S_0-Schnittstelle entwickelt: Die ISDN-Anlage kann von einem PC mit ISDN-Karte (oder anderem ISDN-Zugang) an jedem beliebigen Anschluss des internen S_0-Busses angesprochen werden – die mitgelieferte Software funktioniert dann über die ganz normale ISDN-Verbindung, ein anderer Anschluss an die Anlage ist nicht erforderlich.

Mittlerweile finden Sie diese Möglichkeit in vielen ISDN-Telefonanlagen, leider noch nicht bei allen. Darauf sollten Sie beim Kauf einer ISDN-Anlage achten, wenn Sie Probleme haben, Ihren PC in der Nähe der Telefonanlage aufzustellen.

Sollten Sie gar keine Möglichkeit haben, Ihre Anlage per PC zu konfigurieren, wird Ihnen Ihr Fachhändler, eventuell gegen einen kleinen Obulus, Ihre Anlage vorprogrammieren – zumindest in den Grundzügen. Einzelne Leistungsmerkmale können Sie dann mit einem Telefon „von Hand" nachträglich einstellen. Viele Anlagen können auch aus der Ferne konfiguriert werden. Rufen Sie ruhig Ihren Fachhändler an und besprechen Sie Ihre Konfigurationswünsche. Nachdem Sie Ihre ISDN-Telefonanlage zur Konfiguration freigegeben haben, kann der Fachhändler diese von seiner Werkstatt aus „feinkonfigurieren".

So schließen Sie Ihre analogen Endgeräte an

Haben Sie schon einen Montageort für Ihre ISDN-Telefonanlage ausgesucht? Mal abgesehen davon, dass er – wie bei allen elektronischen Geräten – trocken sein soll, ist der optimale Platz Ihrer Anlage in der Nähe des NTBAs. Denken Sie daran, dass Sie noch einige analoge Geräte anschließen wollen. Die Zuleitungen müssen also bis zu Ihrer Telefonanlage reichen.

Zum Glück ist die Verkabelung von analogen Geräten weit weniger aufwendig als die Installation eines S_0-Busses. Jedes Gerät bekommt seine eigene Doppelader, die an der Telefonanlage anfängt und an der Endgerätedose aufhört – Punkt. Für analoge Endgeräte verwenden Sie die hierzulande gebräuchlichen TAE-Anschlussdosen. Alle in Deutschland erhältlichen analogen Endgeräte haben einen Stecker für die **T**elefon-**A**nschluss-**E**inheit.

Merken Sie etwas? Für Ihre analogen Geräte benötigen Sie eine (echte) Sternverkabelung: Das Zentrum des Sterns sitzt an der Telefonanlage und die Strahlen (die Kabelstränge bzw. die einzelnen Doppeladern) enden an den Dosen. Im Gegensatz zum S_0-Bus, der nur zwei Enden haben darf, hat die Sternverkabelung genauso viele Enden, wie Telefondosen (TAEs) vorhanden sind.

Sofern Sie außer Ihrer ISDN-Telefonanlage auch langfristig keine weiteren ISDN-Geräte betreiben wollen, müssen Sie an die Installation eines S_0-Busses keinen Gedanken verschwenden. Oft können Sie große Teile Ihrer vorhandenen Verkabelung ohne viele Änderungen übernehmen.

Wenn Sie neben analogen Geräten auch ISDN-Geräte betreiben wollen, müssen Sie einerseits eine Busstruktur für die ISDN-Geräte und andererseits eine Sternstruktur für die analogen Geräte planen. Der Aufwand, zwei separate Verkabelungen zu installieren, wäre unverhältnismäßig hoch, insbesondere wenn Sie Kabel komplett neu verlegen müssen.

Auch wenn meist davon abgeraten wird: Es ist kein Problem, einen S_0-Bus und normale analoge Telefonleitungen in ein und demselben Kabel zu führen. Voraussetzung ist wieder einmal, dass Sie ein geeignetes Fernmeldekabel verwenden (siehe Kapitel 2: „Exkurs Fernmeldekabel") und natürlich sorgfältig arbeiten. Dadurch haben Sie ganz andere Voraussetzungen für die Planung. Wenn Ihre analogen Anschlussdosen in unmittelbarer Nähe der ISDN-Dosen sitzen (sollen), ist die Installation von S_0-Bus und Analogverkabelung in einem Kabel sehr sinnvoll.

- Haben oder planen Sie eine reine Busverkabelung, gehen Sie also mit einem Kabelstrang von Dose(n) zu Dose(n)? Dann muss neben den zwei Doppeladern für den S_0-Bus für jede analoge Anschlussdose, die Sie installieren wollen, ein weiteres Adernpaar im Kabel vorhanden sein. Wenn Sie zum Beispiel neben einem S_0-Bus sechs analoge Anschlussdosen montieren wollen, verwenden Sie ein achtpaariges Fernmeldekabel (J-Y(St)Y 8x2x0,6 oder J-YY 8x2x0,6)
- Wenn Sie auf eine Pseudo-Sternverkabelung angewiesen sind, benötigen Sie in jedem Kabelstrang vier Doppeladern für den S_0-Bus und je ein weiteres Adernpaar für jede analoge Dose.

Wenn Sie schon Kabel neu verlegen, planen Sie den Umfang des Kabels großzügig. Auch vielpaariges Fernmeldekabel ist nicht sonderlich teuer, und Sie haben so noch etwas Spielraum, wenn Sie später mal etwas erweitern wollen. Zwei bis vier Doppeladern mehr je Kabelstrang stellen eine sichere Reserve dar und ersparen Ihnen den Aufwand, später neue Kabel verlegen zu müssen.

Info

Können mehrere Geräte an einem Analogport angeschlossen werden?

So wie Sie einem normalen Telefon zum Beispiel einen Anrufbeantworter oder ein Faxgerät vorschalten, können Sie diese Geräte auch gemeinsam an einem Analogport betreiben. Überlegen Sie jedoch gut, ob das sinnvoll ist: Ein Faxgerät kann auf eine andere Rufnummer gelegt werden – Sie haben ja jetzt mehrere – und damit vom Telefon getrennt arbeiten. Planen Sie also für solche Fälle einen eigenen Analogport für das Faxgerät ein.

Für den Anschluss eines Anrufbeantworters scheint diese Aufteilung nicht unmittelbar einzuleuchten, er könnte doch genauso wie bisher vor einem Telefon betrieben werden. Wenn Sie auch dem AB einen eigenen Port gönnen, kann er auch Anrufe „auf der zweiten Leitung" (zweiter ISDN-Nutzkanal) annehmen, während Sie auf dem ersten telefonieren.

Die eigentliche Installation der „analogen Verkabelung" ist leicht. Wenn Sie mit der üblichen Sorgfalt und dem richtigen Material arbeiten, können Sie eigentlich nichts falsch machen. Denken Sie daran, die ISDN-Telefonanlage stromlos zu machen, also den Netzstecker zu ziehen. Bei eingehenden Anrufen (auch von internen Teilnehmern!) schaltet die Telefonanlage eine Rufwechselspannung auf die analogen Ports. Diese Spannung ist so hoch, dass sie beim Berühren blanker Drahtenden unangenehm ist und mitunter gesundheitliche Schäden verursachen kann.

Info

Ich brauche TAE-Dosen – aber welche und woher?

TAE-Anschlussdosen sind keine Spezialität mehr, die es nur in wenigen Fachgeschäften gibt. Sie finden sie überall: im Baumarkt, im Elektrofachhandel, bei der Telekom ... Wenn Sie sich schon an die TAE-Dose der Telekom – die mit der LSA-Plus-Anschlussleiste – gewöhnt haben, können Sie die erforderliche Menge in einem T-Punkt kaufen. Mittlerweile finden Sie TAE-Dosen mit LSA-Plus-Anschlussleisten auch auf dem „freien Markt" dort sind sie deutlich preiswerter als bei der Telekom. Noch mehr sparen Sie, wenn Sie stattdessen TAE-Dosen mit Schraub-Anschlussklemmen erwerben. Dafür ist die Installation aufwändiger.

TAE-Dosen gibt es in unterschiedlichen Ausführungen: Aufputz oder Unterputz, mit einer bis drei Buchsen für Fernsprechgeräte (Telefone) und/oder Nichtfernsprechgeräte (Anrufbeantworter, Modems, Faxgeräte usw.). Egal, wie viele Steckplätze so eine TAE-Dose auch hat: Sie kann nur an *einen* Analogport angeschlossen werden.

Mit einer Ausnahme: TAE-Doppeldosen für zwei Analogports. Bei dieser Dose ist der linke und ggf. der mittlere Steckplatz für den einen Anschluss (an der oberen Klemmenleiste) vorgesehen und der rechte Steckplatz für den anderen Anschluss (an der unteren Klemmenleiste). Wenn wenig Platz vorhanden ist, aber trotzdem unterschiedliche Analogports benötigt werden, sind Doppeldosen eine gute Lösung. Seien Sie aber aufmerksam: Ob es sich um eine Einfachdose oder eine Doppeldose handelt, ist von außen kaum zu unterscheiden!

Dass Sie grundsätzlich die Adern aus dem Fernmeldekabel paarweise benutzen, wissen Sie ja schon. Welche Adernpaare Sie verwenden, ist dabei nebensächlich. Halten Sie aber nach Möglichkeit die Reihenfolge der Paare im Kabel ein. Nehmen Sie die Tabelle auf Seite 44ff. als Referenz zur Hand.

Wenn Sie in Ihren Kabeln einen S_0-Bus führen wollen, wählen Sie dafür bevorzugt die ersten beiden Paare oder – bei Pseudo-Sternverkabelung – die ersten vier Paare. Das ist natürlich eine unverbindliche Empfehlung, aber es fördert die Übersichtlichkeit und verringert die Fehleranfälligkeit.

Anschluss der TAE-Dose

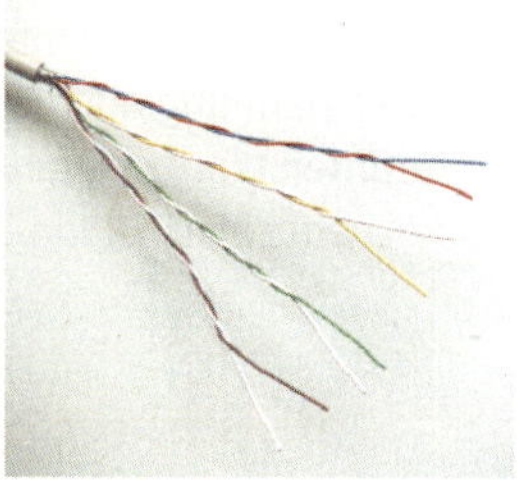

1 Suchen Sie aus dem Kabelstrang das betreffende Adernpaar heraus und führen Sie es bis zur TAE-Dose. Lassen Sie es etwa 10 cm über die Klemmenleiste hinausragen und schneiden Sie es gleichmäßig ab.

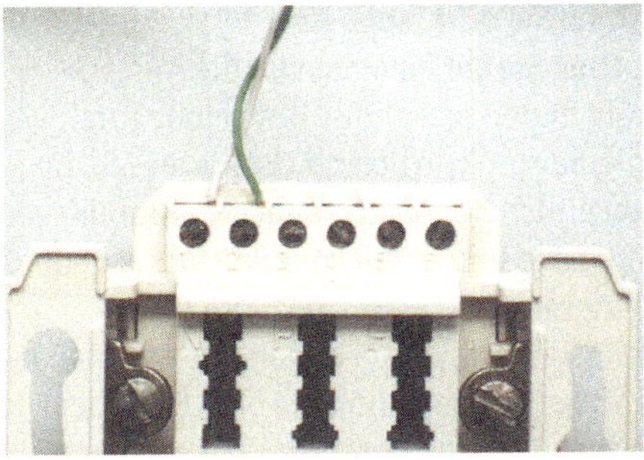

2 Entfernen Sie die Isolation 0,5 cm und führen Sie die blanken Adernenden in die Klemmen 1 und 2 ein. Schrauben Sie die Klemmen fest und überprüfen Sie den einwandfreien Sitz der Adern.
Im Gegensatz zur S_0-Verdrahtung kommt es bei den analogen Ports nicht auf die richtige Polung der Adern an. Es ist also egal, welche Ader auf Klemme 1 und welche auf Klemme 2 sitzt. Sollten Sie trotzdem Wert darauf legen: Die a-Ader wird an Klemme 1 angeschlossen und die b-Ader an Klemme 2.

3 Haben Sie eine Doppel-TAE-Dose, können Sie daran einen zweiten Analogport Ihrer Telefonanlage anschließen. Die entsprechende Doppelader wird dann an der unteren Klemmenleiste auf der Klemme 1 und 2 angeschlossen. Zur Orientierung: Diese Klemmen liegen sich diagonal gegenüber: oben links und unten rechts.

4 Montieren Sie die TAE-Dose in oder auf der Wand. Achten Sie darauf, dass Sie andere Adern aus dem Kabelstrang dabei nicht beschädigen.

5 Öffnen Sie die Klappe Ihrer Telefonanlage und suchen Sie die Klemmen für die Analogports. Sie finden manchmal fest eingebaute Klemmenleisten wie beim NTBA, in die Sie die blanken Enden der Adern einfach vollständig einführen. Sie sind damit kontaktiert und gegen Herausziehen gesichert.
Meistens haben ISDN-Telefonanlagen fest eingebaute Schraubklemmenblöcke oder Steckklemmenleisten. Letztere lassen sich zur leichteren Montage der Adern von den Kontaktstiften in der Anlage einfach abziehen, bei den Schraubklemmenblöcken müssen Sie die Adern in der Anlage direkt montieren.
Die Klemmen in der Anlage sind meistens deutlich beschriftet. Im Zweifelsfall schauen Sie in die Bedienungsanleitung oder die Montageanleitung Ihrer ISDN-Anlage.

Diese Telefonanlage z. B. hat steckbare Klemmenblöcke. Es lassen sich hier insgesamt 16 Doppeladern, also 16 analoge Endgeräte anschließen.

6 Suchen Sie aus dem Kabelstrang an der Telefonanlage die Doppeladern heraus, die zu den soeben montierten TAE-Dosen führen. Verlegen Sie die Adern bis zur Klemmenleiste für die analogen Ports. Je nach dem Anschlusssystem Ihrer Telefonanlage entfernen Sie einen halben bis einen Zentimeter von den Adernenden und montieren die blanken Enden in den Klemmen. Auch hier kommt es nicht auf die Polarität an.

Diese Prozedur wiederholen Sie entsprechend für alle TAE-Dosen, die Sie anschließen wollen.

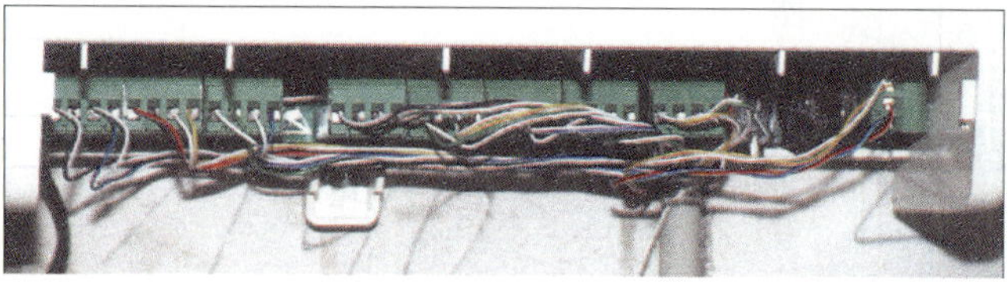

Die „komplett belegten" Anschlussklemmen einer ISDN-Telefonanlage sehen Sie in dieser Abbildung. Von links nach rechts sind hier angeschlossen: eine Türfreisprecheinrichtung, zwei Relaiskontakte, acht analoge Endgeräte, zwei Steuereingänge und ein interner S_0-Bus. Alle 18 Doppeladern werden in einem gemeinsamen Kabel geführt.

S_0-Bus extern oder intern?

Viele Anlagen ab der mittleren Preisklasse bieten eine interne S_0-Schnittstelle. Das ist sozusagen der ISDN-Nebenstellen-Anschluss. Er hat technisch die gleichen Eigenschaften wie Ihr ISDN-Anschluss: Zwei Nutzkanäle, einen Steuerkanal, und er kann auch als S_0-Bus (siehe Kapitel 2) ausgeführt werden. Sie können wie bei Ihrem ISDN-Anschluss bzw. S_0-Bus bis zu acht Geräte anschließen, wovon natürlich nur zwei gleichzeitig verwendet werden können.

ISDN-Telefonanlagen mit einer internen S_0-Schnittstelle sind rund € 100,00 bis € 200,00 teurer als Anlagen ohne S_0-Schnittstelle. Lohnt sich der Mehrpreis? Schließlich könnten Sie ja Ihre ISDN-Geräte „parallel" zur TK-Anlage direkt am ISDN-Anschluss betreiben. Sofern Sie nicht mit den analogen Geräten an der Anlage intern telefonieren wollen, ist das eine ausreichende Lösung.

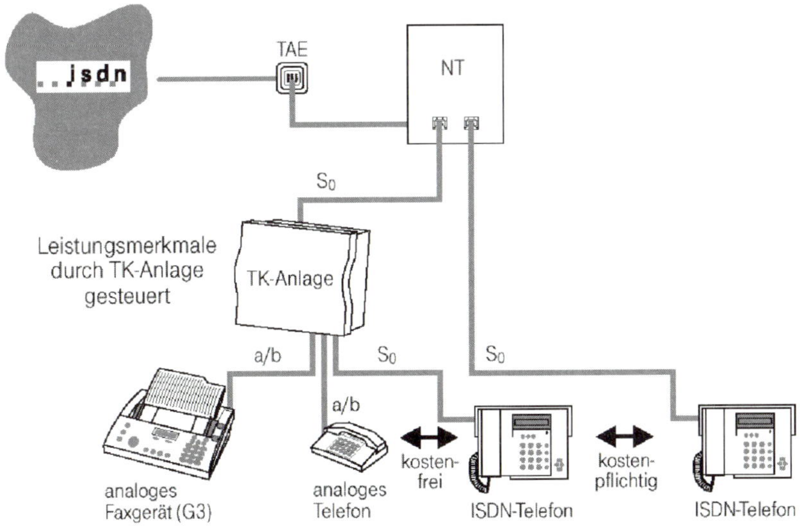

Die interne S_0-Schnittstelle benötigen Sie also auf jeden Fall, wenn Sie zwischen Analog- und ISDN-Geräten intern kostenlos telefonieren oder Gespräche von einem analogen Apparat auf ein ISDN-Telefon weitergeben wollen. Aber auch, wenn Sie darauf verzichten können, überlegen Sie, ob die folgenden Punkte für Sie in Frage kommen:

- Eine ISDN-Telefonanlage speichert in der Regel Verbindungsdatensätze, und zwar für alle an ihr angeschlossenen Geräte. Sie können mit einer besonderen Software - sie ist meist im Lieferumfang der Telefonanlage enthalten - die Gesprächsdatensätze aus der ISDN-Anlage auslesen und bequem verwalten. Das gilt gleichermaßen für die analogen Geräte wie auch für ISDN-Telefone, die über den internen S_0-Bus angeschlossen sind. ISDN-Geräte, die parallel zur ISDN-Anlage direkt mit dem ISDN-Anschluss verbunden sind, werden von der Verbindungsdatenerfassung der Anlage nicht berücksichtigt.
- Soll eine ISDN-Karte mit über die Anlage laufen? In den meisten Fällen werden mit einer ISDN-Karte nur Verbindungen nach außen hergestellt, ein interner Datenverkehr ist selten nötig. (Wenn Sie zwei PCs mit je einer ISDN-Karte haben, möchten Sie vielleicht Daten mit den beiden Rechnern austauschen. Dann ist die interne S_0-Schnittstelle erforderlich - wenn Sie die Rechner kostenfrei miteinander kommunizieren lassen wollen!)
  Die ISDN-Telefonanlage lässt sich per PC mit ISDN-Karte konfigurieren und steuern. Ja, Sie können sogar Updates in die Anlage einspielen. Der PC muss dabei nicht in unmittelbarer Nähe der ISDN-Telefonanlage stehen, eine Verbindung über die serielle Schnittstelle ist nicht erforderlich. Sie können von jeder ISDN-Dose des S_0-Busses die ISDN-Telefonanlage erreichen, auch wenn sich der PC im Dachgeschoss und die Telefonanlage im Keller befindet.

Die Möglichkeit, die Telefonanlage über die interne S_0-Schnittstelle konfigurieren zu können, ist heute beinahe ein obligatorisches Leistungsmerkmal. Achten Sie aber beim Kauf der ISDN-Telefonanlage darauf, dass sie auch wirklich über die interne S_0-Schnittstelle angesteuert werden kann: Manche Anlagen erwarten zur PC-Konfiguration ausschließlich die serielle Verbindung.

Noch einmal: Die interne S_0-Schnittstelle ist der ISDN-Nebenstellenanschluss der ISDN-Telefonanlage. Da sie - wie der ISDN-Anschluss - zwei Nutzkanäle hat, ist sie in ihrer Leistungsfähigkeit in etwa vergleichbar mit zwei analogen Anschlüssen. Natürlich können Sie - wie beim ISDN-Anschluss - einen S_0-Bus daraus machen (mit bis zu zwölf Dosen) und daran bis zu acht Geräte anschließen, davon wiederum vier ohne eigene Stromversorgung. Ist das sinnvoll?

Wenn die angeschlossenen ISDN-Geräte selten benutzt werden, funktioniert das im Allgemeinen gut. Sobald Sie etwas mehr mit Ihren ISDN-Geräten arbeiten, wird es eng: Wenn Sie mit einem ISDN-Telefon telefonieren, wird ein Nutzkanal der internen S_0-Schnittstelle belegt. Dann bleibt für die anderen Geräte nur noch einer übrig. Und wenn ein ISDN-Telefon an der internen S_0-Schnittstelle ein anderes Telefon am gleichen Anschluss anruft, wird keine direkte Verbindung zwischen den beiden Apparaten hergestellt: Die Verbindung wird von der ISDN-Telefonanlage vermittelt und belegt beide Nutzkanäle. Logischerweise kann währenddessen kein weiteres Gerät an dieser S_0-Schnittstelle verwendet werden. Denken Sie auch an andere Mitbewohner Ihres Haushalts: Es kommt nicht selten vor, dass der Haussegen schief hängt, nur weil das Telefon „nicht geht".

Gerade bei der internen S_0-Schnittstelle einer ISDN-Telefonanlage gilt: Nutzen Sie die maximalen Fähigkeiten nicht aus! Je nach Kommunikationsbedarf sollten Sie auch im Privatbereich nicht mehr als vier ISDN-Geräte an die ISDN-Telefonanlage anschließen. Zwei bis drei ISDN-Telefone und eine ISDN-Karte ist eine für Privathaushalte typische Kombination, mit der man auch gut umgehen kann. Im gewerblichen Bereich, in dem es auf die Zuverlässigkeit und vor allem auf die gute Verfügbarkeit der Kommunikation ankommt, gelten strengere Regeln: An die interne S_0-Schnittstelle einer ISDN-Telefonanlage sollten nicht mehr als drei Geräte angeschlossen werden. Besser ist hier eine Eins-zu-eins-Zuordnung: zwei Nutzkanäle – zwei Telefone. Mehr als zwei Telefone werden dann an weiteren internen S_0-Schnittstellen angeschlossen – professionelle Anlagen lassen sich entsprechend aufrüsten oder verwenden statt S_0-Schnittstellen sogar ganz andere Lösungen.

So installieren Sie einen internen S_0-Bus

Sie haben es schon gelesen: Es besteht technisch kein Unterschied zwischen der internen S_0-Schnittstelle einer ISDN-Telefonanlage und der S_0-Schnittstelle des NTBA Ihres ISDN-Anschlusses. Das heißt, es gelten auch die gleichen Regeln für den Aufbau des S_0-Busses. Installieren Sie Ihren S_0-Bus genau so, wie es in Kapitel 2 ausführlich beschrieben ist, ob komplett neu oder auf eine vorhandene Verkabelung in Busstruktur oder Pseudo-Sternverkabelung – nur schließen Sie den S_0-Bus nicht an den NTBA an.

1 Wenn Sie bereits einen S_0-Bus am NTBA angeschlossen haben, entfernen Sie die Verbindung. Machen Sie den NTBA stromlos. Ziehen Sie dazu vom NTBA das Kabel mit dem TAE-Stecker ab. Wenn Sie die 230-Volt-Netzversorgung am NTBA angeschlossen haben, ziehen Sie auch diesen Stecker ab.

Info

Stromversorgung des NTBA

Nachdem Sie Ihren S_0-Bus an die interne S_0-Schnittstelle Ihrer ISDN-Telefonanlage angeschlossen haben, werden Sie wahrscheinlich außer der Anlage kein weiteres ISDN-Gerät mehr an Ihrem ISDN-Anschluss direkt betreiben. Da ISDN-Telefonanlagen eine eigene Stromversorgung haben, benötigen Sie dann die 230-Volt-Netzversorgung am NTBA nicht mehr. Lassen Sie das 230-Volt-Kabel einfach weg.

1 Öffnen Sie die Klappe am NTBA und lösen Sie die vier Adern, indem Sie mit einem kleinen Schraubendreher die Riegel der vier S_0-Busklemmen drücken und die Adern herausziehen.

2 Überprüfen Sie, ob das Kabelende des S_0-Busses bis zu den Klemmen in Ihrer ISDN-Anlage reicht. Nach Bedarf entfernen Sie noch etwas vom Kabelmantel und isolieren die Adernenden ab – je nach Anlage zwischen 0,5 und 1 cm.

3 Öffnen Sie die Klappe Ihrer Telefonanlage und suchen Sie die vier Klemmen für die interne S_0-Schnittstelle. Die Klemmen sind meist identisch mit denen der Analogports der Anlage, aber natürlich entsprechend beschriftet. Im Zweifelsfall schauen Sie in die Bedienungsanleitung oder die Montageanleitung Ihrer ISDN-Anlage.

4 Führen Sie nun die vier Adern in die vier Klemmen der S_0-Schnittstelle ein und schrauben Sie sie gegebenenfalls fest:

- Rot, ohne Kennzeichnung an a1.
- Blau oder schwarz bzw. rot mit einem Ring an b1.
- Weiß oder Doppelring mit großem Abstand an a2.

- Gelb oder Doppelring mit kleinem Abstand an b2.
- Überprüfen Sie noch einmal die richtige Belegung und den festen Sitz aller Adern.

5 Schließen Sie Ihre Telefonanlage an die 230-Volt-Netzversorgung an. Auch wenn die ISDN-Anlage noch nicht mit Ihrem ISDN-Anschluss verbunden ist, ist Ihr S_0-Bus bereits (intern) betriebsfähig. Überprüfen Sie die einwandfreie Funktion Ihres S_0-Busses, indem Sie ein ISDN-Gerät – am besten ein ISDN-Telefon – an jeder Dose anschließen und ausprobieren.

6 Schließen Sie nun Ihre ISDN-Telefonanlage mit dem beiliegenden ISDN-Kabel (mit den achtpoligen Western-Steckern) an den NTBA an.

Die ISDN-Geräte, die Sie jetzt am internen S_0-Bus anschließen, müssen noch auf die Anlage eingestellt werden:

1 Die wichtigste Einstellung an den ISDN-Geräten betrifft – wieder einmal – die Mehrfachrufnummern. Am internen S_0-Bus stehen Ihnen nicht die MSNs zur Verfügung, die Ihnen Ihr Netzbetreiber genannt hat. Stellen Sie also nicht Ihre Telefonnummern in den ISDN-Geräten ein, sondern stattdessen die internen Rufnummern – meistens zweistellige MSNs – die Ihre Telefonanlage an der internen S_0-Schnittstelle bereitstellt.

2 Manche Telefonanlagen haben diese Nummern zur internen S_0-Schnittstelle fest zugeordnet, bei anderen können Sie diese Nummern aus dem internen Rufnummernbereich der Anlage frei auswählen. Auf jeden Fall müssen die Intern-Rufnummern auf der S_0-Schnittstelle mit den MSNs übereinstimmen, die Sie im Endgerät einstellen.

3 Die Verteilung der eingehenden Rufnummern auf die ISDN-Endgeräte übernimmt die ISDN-Telefonanlage. Stellen Sie für die externe MSN die Rufverteilung auf die Intern-Rufnummer Ihres ISDN-Telefons ein, wenn es auf entsprechende Anrufe reagieren soll. (Die Konfiguration ist später noch etwas ausführlicher beschrieben.)

Systemtelefone – Geldschneiderei oder sinnvolle Ergänzung?

An Ihrer ISDN-Telefonanlage mit interner S_0-Schnittstelle können Sie natürlich jedes ISDN-Telefon anschließen und benutzen. Mittlerweile bieten viele Hersteller für ihre ISDN-Anlagen so genannte Systemtelefone an. Preislich liegen sie etwa in der gleichen Größenordnung wie hochwertige ISDN-Telefone. Lohnt es sich, statt eines ISDN-Telefons ein Systemtelefon anzuschaffen?

Systemtelefone sind meist normale ISDN-Telefone, die auf dem Steuerkanal ein anderes Protokoll haben, das nur mit den herstellereigenen Telefonanlagen funktioniert. Andere haben das normale ISDN-Protokoll, das um Systemfunktionen erweitert wurde. Solche Systemtelefone können auch wie normale ISDN-Telefone verwendet werden. Wieder andere haben ganz eigene physische Schnittstellen und haben mit ISDN direkt nichts zu tun. In jedem Fall sind Systemtelefone oft wesentlich leistungsfähiger als normale ISDN-Telefone.

Als eigenständiges ISDN-Telefon ist z. B. das Agfeo ST 30 nicht zu gebrauchen, aber angeschlossen an die interne S_0-Schnittstelle einer Agfeo-ISDN-Anlage schlägt es in seiner Funktionsvielfalt jedes andere ISDN-Telefon um Längen.

Im Gegensatz zu normalen ISDN-Telefonen werden Systemtelefone weitgehend oder komplett von der Telefonanlage gesteuert. So sind auch spezielle Anlagenfunktionen an den Systemtelefonen direkt verfügbar – sie sehen sozusagen ins Innere der Anlage hinein. Die wichtigsten Unterschiede:

- Systemtelefone haben frei programmierbare Funktionstasten. Spezielle Anlagenfunktionen können mit normalen Telefonen nur über zum Teil kryptische Tastenfolgen oder gar nicht erreicht werden. Das gilt auch für ISDN-Telefone, die am internen S_0-Bus betrieben werden. Bei Systemtelefonen genügt dazu ein Knopfdruck.
- Systemtelefone haben meistens ein Statusfeld. Auf dem Display wird angezeigt, welche Nebenstellen gerade telefonieren und ob der ISDN-Anschluss teilweise oder ganz belegt ist. Auch bestimmte Einstellungen der Anlage lassen sich so überwachen, zum Beispiel eine aktive Nachtschaltung oder eine Rufumleitung. Einige Systemtelefone haben sogar ein Besetzt-Lampenfeld: Neben Zieltasten für interne Teilnehmer befinden sich LEDs, die zusätzlich über den Belegtzustand des Teilnehmers informieren.
- Einige Funktionen der Anlage sind ohne Systemtelefone gar nicht zu erreichen. So ist zum Beispiel der direkte alphanumerische Zugriff auf das anlageneigene Telefonbuch nur mit Systemtelefonen möglich. Manche Anlagen bieten auch eine „Gegensprechanlage", die nur mit Systemtelefonen funktioniert und eine zusätzliche Sprechanlage ersetzt.

Es ist sicher selbstverständlich, dass Systemtelefone auch die üblichen ISDN-Leistungsmerkmale nutzen können.

Ein nicht zu unterschätzender Vorteil von Systemtelefonen ist die Kompatibilität. Die Hersteller achten sehr darauf, dass ihre Telefone an ihren Anlagen optimal funktionieren. Bei ISDN-Telefonen, vor allem von Fremdherstellern, kommt es mitunter vor, dass die normalen ISDN-Leistungsmerkmale nicht von der Telefonanlage durchgereicht werden und so nicht oder nur mit umständlichen Tricks genutzt werden können. Das wird Ihnen mit einem Systemtelefon nicht passieren.

Reine Systemtelefone, also solche, die komplett von der ISDN-Telefonanlage verwaltet werden, müssen Sie übrigens nicht gesondert konfigurieren. Die wichtigsten Einstellungen werden in der Telefonanlage vorgenommen. Nur „personenbezogene" Werte wie Ruftöne und Lautstärken werden individuell an jedem Telefon direkt eingerichtet.

So konfigurieren Sie Ihre ISDN-Telefonanlage

Die meisten ISDN-Telefonanlagen sind ab Werk so eingestellt, dass sie sofort nach der Inbetriebnahme ohne weitere Einstellung verwendet werden können. Alle angeschlossenen Geräte können wie gewohnt benutzt werden. Damit verschenken Sie natürlich viele der Möglichkeiten, die Ihnen der ISDN-Anschluss bietet. Sie sollten Ihre Anlage also zumindest in den Grundzügen programmieren (konfigurieren).

Wie Ihre ISDN-Telefonanlage konfiguriert wird, ist von Hersteller zu Hersteller unterschiedlich und hängt auch von der Ausstattung Ihrer Anlage ab. Entsprechend vielfältig sind die Möglichkeiten, die das Konfigurationsprogramm Ihrer Anlage anbietet. Einige grundlegende Einstellungen sollten Sie aber an jeder ISDN-Anlage vornehmen. Wie die Einstellungen im Programm vorgenommen werden, ist ebenfalls herstellerspezifisch und mag von den hier gezeigten Beispielen abweichen.

Grundlegende Einstellungen an Ihrer Telefonanlage

1 Schließen Sie Ihre ISDN-Telefonanlage über das serielle Kabel an Ihren PC an. Alternativ verbinden Sie Ihre ISDN-Karte mit dem internen S_0-Bus, der an Ihre Anlage angeschlossen ist.

2 Installieren Sie die mit der Telefonanlage mitgelieferte Software auf Ihrem PC. Neben einem Konfigurationsprogramm werden oft noch weitere Programme installiert, die über die gleiche Verbindung PC-ISDN-Anlage funktionieren. Stellen Sie während oder nach der Installation die gewünschte Verbindung - seriell oder ISDN - zur Telefonanlage ein.

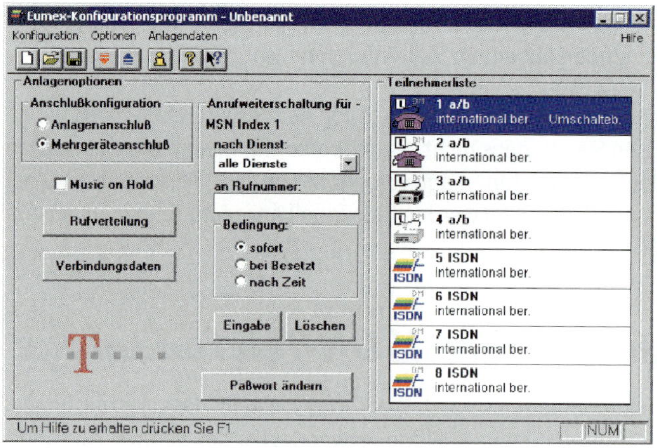

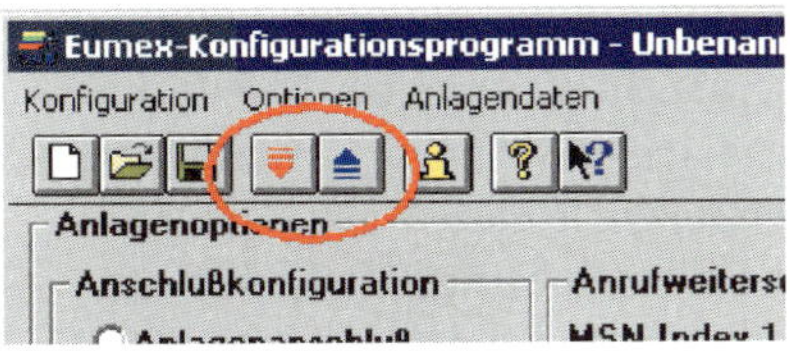

3 Starten Sie das Konfigurationsprogramm und lesen Sie die Konfigurationsdaten aus Ihrer Anlage aus (Empfangen). Die Symbole für das Empfangen und Senden der Daten liegen meist deutlich erkennbar nebeneinander.

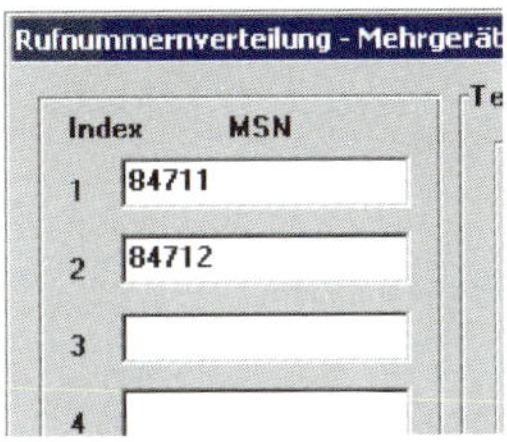

4 Tragen Sie die von Ihrem Netzbetreiber zugeteilten Mehrfachrufnummern der Reihenfolge nach in die Felder mit der Bezeichnung MSN ein. Meistens sind diese Felder im Bereich *Rufverteilung* oder *Extern ISDN* zu finden.

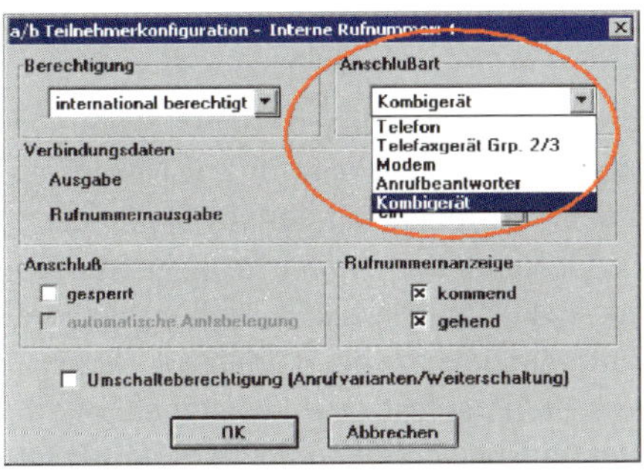

5 Anschließend bestimmen Sie die Intern-Rufnummern und die Betriebsart Ihrer Endgeräte. Bei manchen Anlagen sind die Intern-Rufnummern den analogen Ports (und ggf. der S_0-Schnittstelle) fest zugeordnet, in diesen Fällen können Sie nur die Betriebsart der Endgeräte einstellen.

Die Betriebsart – manchmal auch Anschlussart genannt – legt u. a. den ISDN-Dienst fest, den das jeweilige Endgerät benutzt. Daneben gilt diese Einstellung auch für bestimmte Anlagenfunktionen: Einen ISDN-Dienst „Anrufbeantworter" gibt es zum Beispiel nicht. Die Einstellung „Anrufbeantworter" bei einem Analogport bewirkt, dass dem Anrufbeantworter eine angenommene Verbindung von einem anderen Telefon an der Anlage „entrissen" werden kann.

Für Faxgeräte gilt eine Besonderheit: Zwar gibt es den ISDN-Dienst „Analogfax Gruppe 3", allerdings versperren Sie dann den Faxgeräten an analogen Telefonanschlüssen (oder an falsch konfigurierten ISDN-Anlagen) den Zugang zu Ihnen und umgekehrt. Stellen Sie für Ihr Faxgerät stattdessen die Betriebsart „Kombigerät", „neutral" oder „Multifunktional" ein.

Für ISDN-Geräte können Sie in der Telefonanlage keine Dienstekennung einstellen. Ihren Dienst legen ISDN-Geräte aus ihrer Bestimmung heraus selbst fest.

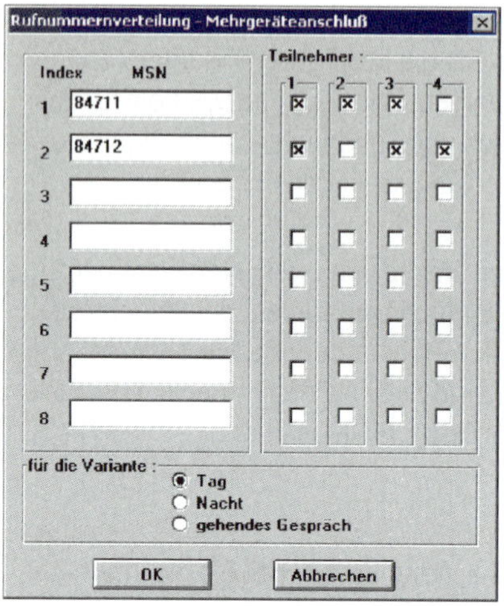

6 Mit der Rufverteilung bestimmen Sie, welche Endgeräte auf die einzelnen Mehrfachrufnummern reagieren sollen, d. h., welche Telefone klingeln sollen. Je nach Anlage können Sie auch eine andere Rufverteilung für Tag oder Nacht festlegen, die Sie manuell oder zeitgesteuert automatisch umschalten können.

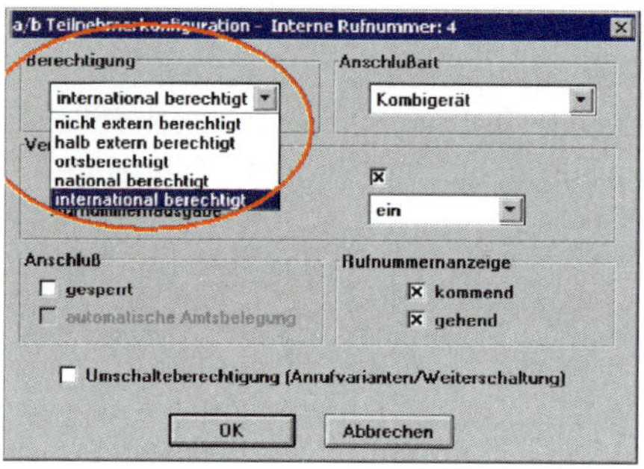

7 Bei den meisten Anlagen können Sie für jede Intern-Rufnummer, also für jede Nebenstelle, die MSN einstellen, mit der das Gerät eine abgehende Verbindung wählt. Im Bereich *Externzugang* – manchmal bei der Einstellung der Intern-Rufnummern bzw. der Betriebsart – legen Sie diese Nummer fest. Dort bestimmen Sie oft auch die Amtsberechtigung für diese Nebenstellen.

8 Nachdem Sie Ihre Konfiguration eingetragen haben, senden Sie die Daten zur Anlage. Ihre Änderungen stehen nach wenigen Sekunden (bis zu einer Minute) in der Anlage bereit.

Damit wäre Ihre ISDN-Telefonanlage in den Grundzügen programmiert. Detaileinstellungen nehmen Sie nach Ihren individuellen Wünschen vor.

Falls Sie mit der Konfiguration dieser Feinheiten nicht klarkommen, informieren Sie sich bei Ihrem Fachhändler. Der ist mit den Anlagen, die er anbietet, im Allgemeinen ziemlich vertraut und kennt sicher den einen oder anderen Kniff, wie Sie Ihre Anlage noch besser nutzen können. Fast alle Hersteller unterhalten eine spezielle Telefon-Hotline, deren Mitarbeiter sich mit den Telefonanlagen gut auskennen. Weitere Hilfe finden Sie oft auch im Internet: Jeder Hersteller ist mit einer eigenen Webseite präsent.

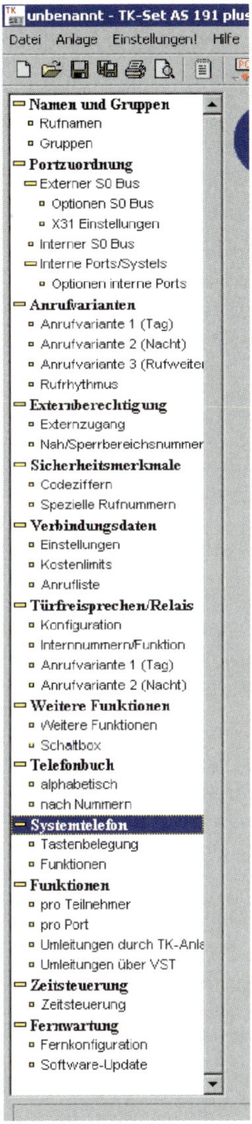

Was an modernen ISDN-Telefonanlagen der Preisklasse unter € 500,00 alles möglich ist, sehen Sie hier am Auswahlfenster der Konfigurationssoftware der Agfeo AS 191 plus.

CTI – Telefonieren per Mausklick

Nachdem der Begriff „Computer Telephony Integration" bislang eher im professionellen Bereich zu finden war (Call Center und Ähnliches), hat es sich herumgesprochen, dass auch im privaten Sektor das computerunterstützte Telefonieren eine interessante Hilfe ist, zumindest jedoch eine nette Spielerei.

Im Lieferumfang von ISDN-Telefonanlagen finden Sie oft ein Programm, mit dem Sie ein ISDN-Telefon auf dem PC-Bildschirm „abbilden" und per Mausklick bedienen können. Der PC steuert auf Ihre Befehle hin die Telefonanlage (die sich dann wie das „abgebildete" Telefon verhält), von den eigentlichen Telefonen brauchen Sie nur noch den Hörer, um mit Ihrem Gesprächspartner sprechen zu können. Meistens können Sie umfangreiche Adresslisten in der Software anlegen. Ein Mausklick auf den entsprechenden Eintrag, und die Telefonanlage wählt die Telefonnummer des Datensatzes an. Wenn die Verbindung zustande gekommen ist, klingelt kurz Ihr Telefon: Heben Sie den Hörer ab und führen Sie Ihr Gespräch.

Ankommende Anrufe werden mit einem Popup-Fenster auf Ihrem Bildschirm angezeigt. So erkennen Sie sofort, wer Sie anruft – sogar mit Namen, wenn er in der Adressliste steht. Für den Fall, dass Sie ein Gespräch nicht annehmen, werden die Anrufer mit Nummern und Uhrzeit gespeichert und können – ebenfalls wieder per Mausklick – zurückgerufen werden

Statt eines eigenen Programms für CTI setzen manche Hersteller auf die Microsoft-TAPI-Schnittstelle. TAPI – Telephony Applications Programming Interface – ist ein in das Betriebssystem Windows integrierter Baustein, der die Steuerung des Datenflusses zwischen dem PC und beispielsweise einer Telefonanlage übernimmt. Geeignete Windows-Anwendungen, die diese Schnittstelle unterstützen – allen voran (Adress-) Datenbanken –, können so die Kontrolle von TAPI-fähigen ISDN-Geräten übernehmen. Für das ISDN-Gerät ist lediglich noch ein Telephony Service Provider-Treiber erforderlich, der von den Herstellern zur Verfügung gestellt wird.

Alles in einem – Telefonanlage und PC-Zugang

In den letzten Jahren kommen vermehrt Telefonanlagen auf den Markt, die neben den eigentlichen Anlagenfunktionen auch noch einen ISDN-Datenzugang haben, der die in den PC eingebaute ISDN-Karte ersetzt. Eingebaut in einem Gehäuse finden Sie eine Telefonanlage für zwei bis vier analoge Endgeräte sowie einen USB-Port oder eine serielle Schnittstelle für den Anschluss am PC. Das Besondere an solchen Kombi-Geräten ist der niedrige Preis, sodass ein recht günstiger, aber trotzdem umfassender Einstieg in die Welt des ISDN ermöglicht wird.

Der Telefonanlagen-Teil ist im Allgemeinen etwas einfacher ausgeführt als bei normalen ISDN-Telefonanlagen. Die wichtigsten Funktionen sind zwar vorhanden, aber auf viele Leistungsmerkmale der „großen" Telefonanlagen müssen Sie meistens verzichten. In dieser Hinsicht sind Kombinations-Telefonanlagen eher mit ISDN-a/b-Wandlern vergleichbar.

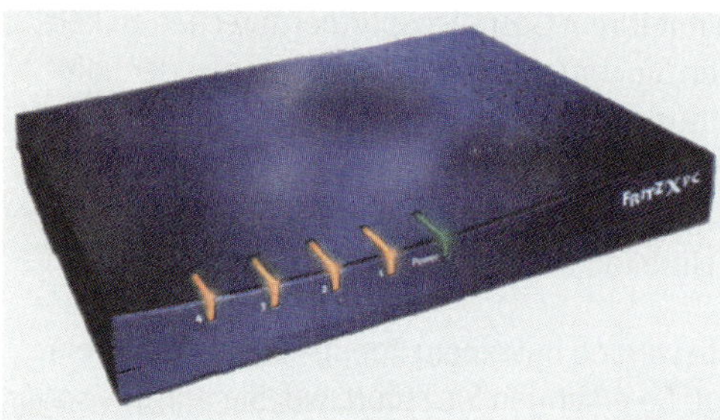

Wie bei der ISDN-Karte steht und fällt die Qualität des ISDN-Datenzugangs solcher Anlagen mit der mitgelieferten Software. Hier ist als Beispiel der Hersteller AVM zu nennen, der mit seinen Telefonanlagen Fritz!X PC (mit serieller Schnittstelle) oder Fritz!X USB (mit USB-Anschluss) das gleiche Softwarepaket Fritz! wie bei den gleichnamigen ISDN-Karten mitliefert.

Die Verbindung vom PC zur Kombi-Anlage wird auch für die Konfiguration des Telefonanlagen-Teils verwendet. Bei dieser Zusammenstellung bietet sich natürlich auch eine CTI-Anwendung an. Das Programm finden Sie meist im Lieferumfang der Geräte.

Bislang waren bei solchen Kombinationsgeräten ausschließlich analoge Anschlüsse für Endgeräte vorhanden, auf eine interne S_0-Schnittstelle musste bislang verzichtet werden. Der Hersteller Agfeo bietet eine ganze Serie von „richtigen" Telefonanlagen – also mit umfangreichen Leistungsmerkmalen – an, die auch einen USB-Anschluss für den PC haben. Seit neustem gibt es mit der AC 141 WebPhonie plus auch eine Anlage mit interner S_0-Schnittstelle, sodass auch ISDN-Geräte „mit über die Anlage" betrieben werden können

Schnurlos glücklich – Es geht auch ohne Draht

Wenn Sie den ganzen Verkabelungsaufwand für eine normale Telefonanlage scheuen, verwenden Sie stattdessen eine Telefonanlage mit schnurlosen Funk-Telefonen. Die Anlage selbst arbeitet als Funk-Basisstation, an die bis zu sechs oder acht Mobilteile, in der Regel Telefone, „eingebucht" werden können. Die typischen Leistungsmerkmale einer ISDN-Telefonanlage stehen auch an den mobilen Geräten zur Verfügung. So ist die Rufnummernanzeige (CLIP) genauso vorhanden wie Anklopfen, Makeln, Dreierkonferenz, Rückruf bei Besetzt, Rufumleitungen und so weiter. Natürlich können Sie auch zwischen den Mobilteilen intern telefonieren oder externe Gespräche weitervermitteln.

Dank des digitalen Schnurlosstandards DECT (**D**igital **E**nhanced **C**ordless **T**elecommunication) wird über die Funkverbindung nicht nur (digitalisierte) Sprache übertragen, sondern auch eine Reihe von Steuerfunktionen, so ähnlich wie der D-Kanal im ISDN. Dadurch sind auch die Leistungsmerkmale der Anlage an jedem Mobilteil verfügbar.

Allerdings sind hierbei diese Steuerfunktionen nicht genormt – jeder Hersteller verwendet sein eigenes Protokoll. Auch wenn es bereits Bestrebungen gab, auch Schnurlosgeräten von beliebigen Herstellern den Zugang zu bestimmten Basisstationen zu ermöglichen, ist es fast immer sinnvoll, herstellereigene Geräte an der Basisstation zu betreiben.

Der Marktführer Siemens bietet mit seiner Gigaset-Serie gleich eine ganze Reihe ISDN-fähiger Basisstationen an, eine davon sogar in ein komfortables ISDN-Tischtelefon eingebaut. Andere wiederum besitzen – ähnlich wie bei den bereits erwähnten Kombi-Anlagen – einen PC-Zugang zum ISDN, der über die USB-Schnittstelle (per Kabel!) angeschlossen wird und den Zugriff auf das Internet ermöglicht. Eine weitere Anlage hat einen komfortablen digitalen Anrufbeantworter in der Basisstation, der von jedem eingebuchten Mobilgerät abgefragt werden kann.

Dazu sind schnurlose Telefone in verschiedener Ausstattung erhältlich, sowie zwei „Datenadapter", die den vom ISDN-Anschluss entfernt stehenden PCs den drahtlosen ISDN-Zugang per USB oder serieller Schnittstelle ermöglichen.

Der Schweizer Hersteller Ascom bietet für seine ISDN-Schnurlosanlage voo:doo nicht nur (ausgezeichnete) mobile Telefone an, sondern auch Karten, die wie eine ISDN-Karte in den PC eingebaut werden können und schnurlosen ISDN-Zugang ermöglichen. Alternativ ist auch eine Funk-PCMCIA-Karte dafür erhältlich.

Leider ist man bei allen angebotenen ISDN-Schnurlosanlagen weitgehend auf die herstellereigenen Zubehörgeräte angewiesen. Andere Schnurlosgeräte lassen sich meist nur mit Einschränkungen oder gar nicht betreiben, und schnurgebundene (analoge) Geräte sind - wenn überhaupt - nur an der Basisstation direkt anschließbar. Reine ISDN-Geräte können nur direkt am ISDN-Anschluss, also nicht über die Anlage, angeschlossen werden.

Seit kurzem bietet der Hersteller DeTeWe mit der RCI 21 eine Universal-Schnurlosanschlussdose für seine ISDN-Schnurlosanlagen der BeeTel- oder Open Com-Reihe an. Damit sind nicht nur zwei analoge Geräte schnurlos an der Basisstation zu betreiben, sondern man hat auch einen vollwertigen Anschluss für normale (schnurgebundene) ISDN-Geräte und auch einen Direktanschluss für einen PC über die serielle Schnittstelle.

Weil alle ISDN-Schnurlosanlagen auf der Basis des DECT arbeiten, ist allerdings wegen der recht niedrigen Strahlungsleistung von im Mittel etwa 10 mW - ein normales GSM-Mobiltelefon sendet mit bis zu 200-facher Leistung - die Reichweite der Funkverbindungen relativ eingeschränkt. Die Hersteller nennen zwar Reichweiten von bis zu 300 m in unbebautem Gelände und bis zu 50 m in Gebäuden. Diese Werte sind aber mit Vorsicht zu genießen - je nach Bauweise des Gebäudes ist mit deutlich niedrigeren Reichweiten zu rechnen.

Die Notfallkiste

So digital und betriebssicher ein ISDN-Anschluss ist: Auch hier gibt es Probleme und Fehler. Die meisten davon sind hausgemacht und können durch logisches Denken schnell gefunden und mit wenigen Handgriffen behoben werden. Diese Notfallkiste rüstet Sie mit den nötigen „Werkzeugen" aus.

An meinem S_0-Bus funktioniert ein einzelnes ISDN-Gerät einwandfrei. Schließe ich ein zweites ISDN-Gerät an eine andere Buchse an, geht weder das eine noch das andere Gerät!

Das kann ein Kompatibilitätsproblem zwischen zwei unterschiedlichen ISDN-Geräten sein. Allerdings ist das selten: Die ISDN-Schnittstelle S_0 ist ja schließlich genormt, und jedes Gerät sollte mit jedem anderen Gerät am gleichen ISDN-Anschluss funktionieren. Nur bei wenigen billigen ISDN-Geräten aus fernöstlicher Produktion kommt das vor.

Schließen Sie einfach mal ein anderes zweites Gerät an den S_0-Bus an und prüfen Sie, ob jetzt beide Geräte funktionieren. Falls ja, liegt es am inkompatiblen Endgerät.

In den meisten Fällen liegt das Problem in einem Verdrahtungsfehler der ISDN-Dosen an Ihrem Bus. Der Fehler tritt meistens dann auf, wenn die Adern an einer Dose vertauscht und an den anderen Dosen richtig angeschlossen sind. Untersuchen Sie also, ob Sie die Adern an den Klemmen der einzelnen Dosen nicht vertauscht haben. Besonders die Vertauschung der Adern a2 und b2 (auf den Klemmen 3 und 6) führt zu diesem Fehler.

(Der S_0-Busteststecker von BTR. Die vier grün leuchtenden LEDs zeigen an, dass die ISDN-Anschlussdose korrekt verdrahtet ist.)

Für die Überprüfung auf Adernvertauschung gibt es preiswerte S_0-Busteststecker, wie z. B. den SiTi der Firma BTR. Sie zeigen durch vier zweifarbige Leuchtdioden an, ob die ISDN-Dose richtig beschaltet ist (alle LEDs leuchten grün), ob eine Adernunterbrechung vorliegt (einzelne LEDs leuchten nicht) oder ob Adern miteinander vertauscht wurden (die entsprechenden LEDs leuchten rot). Der Teststecker ist denkbar leicht anzuwenden: In die ISDN-Dose stecken und das Ergebnis ablesen. Die Anschaffung eines solchen Steckers für rund € 15,00 lohnt sich vor allem, wenn Sie öfter an einem S_0-Bus arbeiten.

Beachten Sie, dass die S_0-Busteststecker nur dann einwandfrei funktionieren, wenn der S_0-Bus nicht terminiert ist. Entfernen Sie also die Abschlusswiderstände, solange Sie den Bus überprüfen.

Das Senden und Empfangen von Faxen klappt bei manchen Gegenstellen, bei anderen nicht. Die Gegenstelle behauptet aber, ihr Gerät funktioniert einwandfrei!

In diesem Fall ist die ISDN-Dienstekennung für Ihr Faxgerät oder die der Gegenstelle nicht richtig eingestellt.

Mit jedem Verbindungsaufbau verständigen sich die beiden Teilnehmer im ISDN unter anderem auch über den Dienst, den sie benutzen. Die Verbindung wird nur dann vollständig aufgebaut, wenn die Dienstekennungen beider Endgeräte kompatibel zueinander sind. Leider wird die Einstellung der Dienstekennung oft sehr schlampig ausgeführt. Meistens weiß ein Anwender gar nicht, dass sein ISDN-Anschluss auch Informationen über die Telekommunikationsdienste weitergibt.

Oft ist der Anschluss für ein Faxgerät auf den Dienst „Telefonie" eingestellt. Ein anderes Faxgerät, das richtigerweise an einem ISDN-Anschluss auf den Dienst „Fax" eingestellt ist, kann mit diesem Gerät keine Faxe austauschen. Das anrufende Faxgerät erhält dann ein Besetztzeichen.

Um mit allen Faxgegenstellen kommunizieren zu können, ist es am besten, wenn Sie für Ihr Faxgerät eine neutrale Dienstekennung einstellen. In der ISDN-Telefonanlage stellen Sie für den Port, an dem Ihr Faxgerät angeschlossen ist, die Kennung „Kombiport", „neutral" oder „universell" ein. Zwar landet dann auch jedes Telefongespräch auf dem Faxgerät, wenn es versehentlich angewählt wurde, und umgekehrt können Sie jetzt auch Telefone „anfaxen" – deren Besitzer sich dann sicher über den schrillen Faxkennungston ärgern. Aber Sie können sicher sein, jetzt wirklich jedes Faxgerät zu erreichen beziehungsweise von jedem Anschluss Faxe empfangen zu können.

Eine Besonderheit sind die so genannten Gruppe-4-Faxgeräte. Diese ISDN-Faxgeräte sind relativ teuer und daher sehr selten. Aber es gibt eine eigene ISDN-Dienstekennung speziell für diese Faxgeräte, die mit der üblichen Kennung für analoge (Gruppe-3-) Faxgeräte nicht kompatibel ist. Manche ISDN-Karten können auf Gruppe-4-Fax eingestellt werden und können dann mit normalen Faxgeräten (oder anderen ISDN-Karten) keine Faxe austauschen.

Die Dienstekennung für den Faxaustausch bei ISDN-Karten wird nicht in der Telefonanlage eingestellt, sondern in der zur ISDN-Karte gehörenden Faxsoftware, z. B. Fritz! Fax.

Es gibt neue ISDN-Leistungsmerkmale, die ich mit meinen ISDN-Geräten gern nutzen möchte. Aber diese Dinger haben diese Funktionen nicht!

Wenn die Netzbetreiber neue ISDN-Leistungsmerkmale anbieten, sind die Hersteller bemüht, diese auch von ihren Geräten nutzbar zu machen. Bei den wichtigsten Herstellern gibt es über kurz oder lang Firmware-Updates, die den Endgeräten die neuen Leistungsmerkmale zugänglich machen.

Manchmal lässt sich ein Update im Hause durchführen, z. B. durch Austauschen eines EPROMs oder durch Flashen mit einem speziellen Flashprogramm. Oft ist auch ein Update über die ISDN-Leitung aus der Ferne möglich. Manchmal müssen Sie ein Gerät aber zum Hersteller einschicken, um eine neue Firmware zu bekommen. In der Regel lohnt es sich aber, bei Ihrem Fachhändler oder beim Hersteller der Geräte nachzufragen.

Manche ISDN-Leistungsmerkmale lassen sich gar nicht durch bestimmte ISDN-Befehle (wie bei den meisten Leistungsmerkmalen) auslösen, sondern durch eine Ziffernfolge. Dazu muss Ihr ISDN-Telefon auf die Übermittlung auf Keypad-Übertragung eingestellt werden.

Mein ISDN-Telefon funktioniert einwandfrei, wenn ich es am NTBA direkt anschließe, aber nicht richtig am internen S_0-Bus meiner ISDN-Telefonanlage!

Die ISDN-Telefonanlage verwaltet für die an ihr angeschlossenen Endgeräte alle Eigenschaften, die für den Betrieb am ISDN notwendig sind. Insbesondere setzt sie die von der Vermittlungsstelle ankommenden (externen) MSNs auf interne Rufnummern um.

Wahrscheinlich ist Ihr ISDN-Telefon auf die MSNs eingestellt, die Ihnen die Telekom zugeteilt hat. Am internen S_0-Bus liegen allerdings keine externen MSNs an, sondern nur interne, meistens zweistellige Rufnummern. Das Telefon kennt keine der Nummern des internen S_0-Busses und reagiert so entweder gar nicht oder auf alles, was auf dem internen S_0-Bus passiert.

Stellen Sie in Ihrem ISDN-Telefon diese zweistelligen Intern-MSNs ein. Die Zuordnung zu den externen MSNs werden in der Telefonanlage eingestellt.

Können Sie die ISDN-Leistungsmerkmale, die Ihnen das ISDN-Telefon anbietet, am NTBA direkt nutzen, aber am internen S_0-Bus der Anlage nicht? Manche ISDN-Telefonanlagen sind an ihrem internen S_0-Bus nicht „transparent", sie reichen also manche Steuerdaten nicht an den externen Bus durch.

In diesem Fall sind Sie auf die Zahlencodes angewiesen, die die Telefonanlage erwartet, wenn Sie die Leistungsmerkmale nutzen wollen. Damit Sie sich diese zum Teil kryptischen Tastenkombinationen nicht merken müssen, können Sie die wichtigsten Funktionen auf die Kurzwahltasten des Telefons programmieren oder passende Makros dafür erstellen (abhängig vom Endgerät).

Mein altes analoges Telefon kann an der neuen ISDN-Anlage nicht vermitteln oder wählt gar nicht erst!

Ihr Telefon ist wahrscheinlich auf ein falsches Wahlverfahren eingestellt. Früher gab es nur das **I**mpuls**w**ahl**v**erfahren, kurz IWV, bei dem durch genau definierte, kurze Stromkreisunterbrechungen die Ziffern übermittelt wurden. Manche moderne Telefonanlagen können mit dem so genannten IWV nichts mehr anfangen. Andere können auf IWV eingestellt werden, viele erkennen das Wahlverfahren der angeschlossenen Telefone automatisch.

Heute wählen alle analogen Telefone mit dem schnellen **M**ehr**f**requenzwahl**v**erfahren, kurz MFV. Dabei erzeugt das Telefon für jede Taste eine bestimmte Kombination aus zwei Tönen, die von der Vermittlungsstelle (oder von der Telefonanlage) erkannt wird. Da die Töne nur Sekundenbruchteile lang sind, erfolgt die Wahl erheblich schneller als beim Impulswahlverfahren. Alle modernen Telefonanlagen „verstehen" das MFV, und analoge Telefone sollten nach Möglichkeit darauf eingestellt werden.

Erkennt Ihre Telefonanlage nicht die Wählimpulse des Telefons? Wenn Sie ein Telefon mit Wählscheibe haben, können Sie es jetzt ausmustern – es kann nur IWV. Fast alle Telefone, die nach 1990 hergestellt wurden, können Sie auf das Mehrfrequenzwahlverfahren einstellen.

Info

Eine Tastenkombination für (fast) alle Fälle

Falls Sie nicht mehr die Bedienungsanleitung Ihres Telefons haben, probieren Sie einmal die folgende Tastenkombination, die für viele Telefone gleichermaßen gilt:

[Set] [1] [1] [5] [9] [0] [Wahlwiederholung] [0] [3] [7] [Set]

Die Set-Taste hat meistens ein Karo, in das ein Pfeil hineinragt. Die Wahlwiederholungs-Taste hat zwei miteinander verbundene Kreise.

Ihr Telefon wählt zwar, aber die R-Taste funktioniert gar nicht oder unterbricht die bestehende Verbindung? Auch das ist eine Einstellungssache: Entweder ist die R-Taste auf Erde eingestellt und schließt nur einen Kontakt kurz, der heute gar nicht mehr benutzt wird, oder sie ist auf den langen Flash eingestellt, der von der Telefonanlage bereits als Auflegen interpretiert wird. Die richtige Einstellung für Telefonanlagen ist der kurze Flash. Telefone, die mit der oben genannten Ziffernfolge auf Mehrfrequenzwahl eingestellt werden können, sind damit auch auf den kurzen Flash für die R-Taste eingestellt.

Mein ISDN-Telefon bietet mir viele Leistungsmerkmale an. Einige davon funktionieren nicht, wenn ich sie nutzen möchte!

Es klingt eigentlich selbstverständlich, aber man denkt oft nicht dran: ISDN-Leistungsmerkmale müssen auf Ihrem ISDN-Anschluss natürlich freigeschaltet sein. Bei einem normalen ISDN-Standardanschluss gibt es z. B. keine Anrufweiterschaltung. Wenn Sie dann versuchen, Ihre Rufnummer auf Ihr Mobiltelefon weiterzuschalten, wird das die Vermittlungsstelle verweigern und Ihr ISDN-Telefon wird es Ihnen geradezu empört mitteilen.

Auch wenn Ihr ISDN-Anschluss über bestimmte Leistungsmerkmale nicht verfügt, lassen sie sich meist einfach einrichten. Ein Anruf beim Netzbetreiber genügt. Bedenken Sie jedoch, dass manche Leistungsmerkmale nur gegen Aufpreis erhältlich sind. Die Anrufweiterschaltung bei einem ISDN-Anschluss der Telekom kostet Sie z. B. monatlich ca. € 2,00 (Stand 03/2001).

Funktioniert bei Ihnen der „Rückruf bei Besetzt" manchmal nicht? Dieses Leistungsmerkmal ist bei den Telekom-ISDN-Anschlüssen durchweg vorhanden, und mit den richtigen Endgeräten lösen Sie es auch ganz einfach aus. Wenn Ihre Gegenstelle ein normaler Telefonanschluss oder ISDN-Mehrgeräteanschluss ist, funktioniert „Rückruf bei Besetzt" auch recht zuverlässig. Wenn Sie hingegen versuchen, den Rückruf bei der besetzten Nebenstelle einer großen Telefonanlage (Unternehmen, Behörden) einzuleiten, wird der Versuch abgelehnt. Das Gleiche gilt auch für Verbindungsversuche zu den meisten Anschlüssen im Ausland. Da hilft nur immer wieder anwählen.

Wie steht es mit der Entgeltdatenübertragung? Im ISDN gibt es die Möglichkeit, sich die Kosten auf dem Telefondisplay anzeigen zu lassen. Aus alter Tradition (und technischer Kompatibilität zum analogen Telefonnetz) benutzt die Telekom immer noch die Abrechnung nach Einheiten. Aber selbst bei der Telekom sind die Einheiten nicht mehr gleich teuer. Je nach Tarif verzichtet die Telekom also auf die Übertragung der Entgeltdaten.

Derzeit wird an einem neuen Verfahren der Entgeltdatenübertragung gearbeitet, das nicht mehr in Einheiten rechnet, sondern direkt die für die Verbindungen entstandenen Kosten im Klartext anzeigt. Das Protokoll ist im ISDN bereits vorhanden und könnte auch direkt genutzt werden. Bis die Telekom die Kompatibilitätsprobleme zum analogen Telefonnetz gelöst hat, werden wir noch auf die Einführung der „Echtkostenanzeige" warten müssen.

Ich habe kaum Platz, brauche aber einen ISDN-Anschluss und einen analogen Anschluss in einer Dose!

Zum Anschluss von Euro-ISDN-Geräten werden ausschließlich achtpolige Western-Stecker benutzt. Die dazu passenden Anschlussdosen heißen IAE (für **I**SDN-**A**nschluss-**E**inheit) oder UAE (für **U**niversal-**A**nschluss-**E**inheit). Analoge Endgeräte finden in Deutschland fast ausschließlich Zugang über TAE-Stecker (für **T**elefon-**A**nschluss-**E**inheit).

Leider gibt es keine Anschlussdosen, die einen ISDN-Steckplatz und einen TAE-Steckplatz vereinen. (Warum eigentlich nicht?) Im Normalfall müssen also zwei getrennte Dosen verwendet werden, wenn Sie an einer Stelle sowohl ein ISDN- als auch ein Analoggerät betreiben wollen.

Vor allem, wenn Ihre Fernmeldeverkabelung in Unterputzdosen endet, ist das ein Problem. Sie könnten zwar ein paar Doppeladern heimlich aus der Unterputzdose herausführen und daneben eine Aufputzdose an die Wand montieren. Das ist aber keine elegante Lösung.

Verwenden Sie dann einfach eine UAE-Dose, die zwei getrennte Steckplätze mit zwei getrennten Klemmleisten(!) hat. An die eine Buchse schließen Sie Ihren S_0-Bus an, auf die andere wird die Doppelader vom Analogport angeklemmt. Für Ihr Analoggerät beschaffen Sie sich noch eine Anschlussschnur mit Western-Stecker – dann aber in sechspoliger Ausführung. Wenn Sie an Ihrem Telefon ein angewachsenes Kabel mit TAE-Stecker haben, verwenden Sie statt des Western-Anschlusskabels einfach einen handelsüblichen Western-TAE-Adapter.

Leider gibt es für diese Adapter keine verbindliche Norm. Je nach Ausführung liegen die Adern auf anderen Kontaktklemmen. Probieren Sie es aus: Meistens wird der Analogport an der UAE auf den Klemmen 4 und 5 oder an 3 und 6 angeschlossen.

Stichwortverzeichnis

Wenn Sie an dieser Seite angelangt sind ...

dann haben Sie sicher schon auf den vorangegangenen Seiten gestöbert oder sogar das ganze Buch gelesen. Und Sie können nun sagen, wie Ihnen dieses Buch gefallen hat. Ihre Meinung interessiert uns!

Uns interessiert, ob Sie jede Menge „Aha-Erlebnisse" hatten, ob es vielleicht etwas gab, bei dem das Buch Ihnen nicht weiterhelfen konnte, oder ob Sie einfach rundherum zufrieden waren (was wir natürlich hoffen). Wie auch immer – schreiben Sie uns! Wir freuen uns über Ihre Post, über Ihr Lob genauso wie über Ihre Kritik! Ihre Anregungen helfen uns, die nächsten Titel noch praxisnäher zu gestalten.

Ihre Ideen sind gefragt!

Vielleicht möchten Sie sogar selbst als Autor bei *DATA BECKER* mitarbeiten?

Wir suchen Buch- und Software- Autoren. Wenn Sie über Spezial-Kenntnisse in einem bestimmten Bereich verfügen, dann fordern Sie doch einfach unsere Infos für Autoren an.

Was mir an diesem Buch gefällt: ____________________

____

____

Das sollten Sie unbedingt ändern: ____________________

____

Kommentar zur SchnellAnleitung: ____________________

____

____

442 131

☐ Ja Ich möchte DATA BECKER Autor werden. Bitte schicken Sie mir die Infos für Autoren.

☐ Ja Bitte schicken Sie mir Informationen zu Ihren Neuerscheinungen

Name, Vorname ____________________

Straße ____________________

PLZ, Ort ____________________

Bitte einschicken an:
DATA BECKER GmbH & Co. KG
Postfach 10 20 44
40011 Düsseldorf

Sie können uns auch faxen:
(02 11) 3 19 04 98